Milord Kabengwa Kibundila

La conservation de la nature à l'épreuve des conflits armés en RDC

Milord Kabengwa Kibundila

La conservation de la nature à l'épreuve des conflits armés en RDC

Regard sur la Réserve de Faune à Okapis

Presses Académiques Francophones

Imprint
Any brand names and product names mentioned in this book are subject to trademark, brand or patent protection and are trademarks or registered trademarks of their respective holders. The use of brand names, product names, common names, trade names, product descriptions etc. even without a particular marking in this work is in no way to be construed to mean that such names may be regarded as unrestricted in respect of trademark and brand protection legislation and could thus be used by anyone.

Cover image: www.ingimage.com

Publisher:
Presses Académiques Francophones
is a trademark of
International Book Market Service Ltd., member of OmniScriptum Publishing Group
17 Meldrum Street, Beau Bassin 71504, Mauritius

Printed at: see last page
ISBN: 978-3-8416-3545-7

Copyright © Milord Kabengwa Kibundila
Copyright © 2015 International Book Market Service Ltd., member of OmniScriptum Publishing Group
All rights reserved. Beau Bassin 2015

DEDICACE

A ma fille Daddiana Furaha Kabengwa

REMERCIEMENTS

Je tiens à remercier très sincèrement toutes les personnes ressources ayant contribué de manière directe ou indirecte à la réalisation de ce travail. J'adresse à toutes et à tous ma reconnaissance pour leur soutien matériel, financier, moral et pour leurs divers encouragements.

Je veux de manière particulière exprimé ma profonde gratitude au Professeur Alphonse MAINDO ainsi qu'au Docteur Quentin DUCENNE qui m'ont guidés dans la réalisation de cette œuvre.

Je remercie le CIFOR et l'UE pour leur appui technique et financier.

Que tous les membres de ma famille ainsi que mes encadreurs au Master en Gestion de la biodiversité et aménagement du territoire durable trouvent ici l'expression de ma profonde gratitude.

Milord KABENGWA KIBUNDILA

LISTE DES ACRONYMES

AFDL : Alliance de force démocratique de libération

APC : Armée Populaire Congolaise

ALC : Armée de Libération du Congo

BAD : Banque Africaine de Développement

CARPE : Central Africa Régional Program for the Environment

CDB : Convention sur la Diversité Biologique

CIDOPY : Centre d'information et de documentation pygmée

CIFOR : Centre de Recherche Forestière Internationale

CITES : Convention sur le commerce international des espèces de faune et de flore sauvages menacées d'extinction

COCOPA : Conservation Communautaire Participative

COCOSI : Comité de Coordination du Site

CPCL : Comité permanent de consultation locale

EU : Union Européenne

FAO : Organisation des Nations Unies pour l'alimentation et l'agriculture

FARDC : Forces armées de la République Démocratique du Congo

FAZ : Forces Armées Zaïroises

FCCC : Programme Forêts et Changement Climatique au Congo

GIC : Gilman international consultative

ICCN : Institut Congolais pour la Conservation de la Nature

IZCN : Institut Zaïrois pour la Conservation de la Nature

ILD : Initiative locale de développement

MLC : Mouvement de Libération du Congo

MONUC : Mission d'Observation des Nations Unies au Congo

MONUSCO : Mission d'Observation des Nations Unies pour la Stabilité du Congo

ONG : Organisation Non Gouvernementale

PACO : Programme Afrique Centrale et Occidentale

PCC : Programme de Conservation Communautaire

P N U E : Programme de nation Unis pour l'environnement

RCD/KML : Rassemblement Congolais pour la Démocratie/Kisangani Mouvement de Libération

RFO : Réserve de faune à Okapis

RDC : République Démocratique du Congo

RN4 : Route national 4

SEO : Station d'élevage des Okapis

UNESCO : Organisation des Nations Unies pour la Science et l'Education

U I C N : Union international pour la conservation de la nature

UNIKIS : Université de Kisangani

WCS : Wildlife Conservation society

WWF : World Wildlife Fund

TABLE DES MATIERES

DEDICACE
REMERCIEMENTS
LISTE DES ACRONYMES
TABLE DES MATIERES
0.0. INTRODUCTION 7
   0.1. Contexte général de l'étude 7
   0.2. Revue de littérature 8
   0.3. Problématique 13
   0.4. Hypothèses de recherche 14
   0.5. Objectifs et intérêts du travail 15
   0.7. Délimitation du travail 16
   0.8. Subdivision du travail 16
CHAPITRE DEUX : CONSIDERATIONS GENERALES 17
   I.1. Cadre conceptuel 17
      I.1.1. Paradigme de conservation de la nature 17
   I.2. : Politique de conservation de la nature en RDC 21
      I.2.1. Potentiel de la RDC en biodiversité 21
      I.2.2. Principales institutions publiques impliquées dans la gestion de la biodiversité en RDC 26
      I.2.3. Principaux instruments juridiques régissant la gestion de la biodiversité en RDC 27
      I.2.3. Gestion des aires protégées 29
CHAPITRE DEUX : CADRE METHODOLOGIQUE 32
   II.2. : Présentation du milieu d'étude : la Réserve de Faune à Okapi 32
      II.2.1. Localisation de la RFO 32
      II.2.2. Le climat et sol de la RFO 33
      I.2.3. La biodiversité de la RFO 34
      I.2.4. Statut de la RFO 35
      I.2.5. La population humaine au sein de la RFO 36
      I.2.5. Structure organisationnelle de la RFO 37
   I.3 : Démarches Méthodologiques 39
      I.3.1. Méthode 39
      I.3.2. Théories explicatives 41
      I.3.3. Techniques de récolte des données 41
      I.3.4. Techniques de traitement des données 42
      I.3.5. Technique d'échantillonnage 42
      I.3.6. Matériels d'enquête 44

I.3.6. Difficultés rencontrées 45
CHAPITRE DEUX : ENJEUX ET ACTEURS DES CONFLITS ARMES A LA RFO 46
  II. 1 : Identification des acteurs de la RFO 46
    II.1.1. Acteurs de la conservation et exploitation des ressources de la RFO. 46
    II.1.2. Les acteurs impliqués aux conflits armés à la RFO 53
  II. 2 : Enjeux des conflits armés à la RFO 56
    II.2.1. Positionnement géographique de la RFO 56
    II.2.2. Les richesses naturelles de la RFO 58
    II.2.3. L'aérodrome de la RFO 60
CHAPITRE TROIS : CONSEQUENCES ET STRATEGIES D'ATTENUATION DES EFFETS DES CONFLITS ARMES A LA RFO 68
  III.1. : Conséquences des conflits armés à la RFO 68
  III.2. : Stratégies mises en œuvre par l'ICCN et ses partenaires pour atténuer les conflits à la RFO 75
    III.2.1. Le monitoring 76
    III.2.2. La surveillance 77
    III.2.3. Le contrôle de la migration et réglementation des activités des résidents de la RFO 81
    III.2.4. Le zonage participatif 83
    III.2.5. La sensibilisation 84
    III.2.6. Elimination progressive de l'exploitation minière 85
CONCLUSION..87
BIBLIOGRAPHIE 90
ANNEXES

0.0. INTRODUCTION

0.1. Contexte général de l'étude

La planète terre vit aujourd'hui, une crise écologique qui ne cache plus ses marques : le réchauffement climatique, la disparition progressive des espèces tant végétales qu'animales ainsi que la destruction de leurs habitats (Faohom, 1996). Les grandes avancées technologiques vont en même temps avec les grandes menaces de dégénérescence de la vie sur la terre. Cet état des choses a amené depuis plusieurs décennies les décideurs politiques, les scientifiques et les autres acteurs à envisager un modèle de développement qui s'inscrit dans la protection de l'environnement et des écosystèmes.

Ainsi, l'intérêt grandissant accordé à la protection de l'environnement en général et aux écosystèmes en particulier a amené plusieurs pays africain à créer des aires protégées sur leurs territoires (Mengue-Medou, 2002). Toutefois, dans beaucoup de cas, la gouvernance de ces aires protégées ne va pas bon train. Elle est confrontée à plusieurs menaces, notamment le braconnage, l'exploitation minière et forestière illicite et l'invasion multiple des populations riveraines.

La RFO connue pour la forte concentration des okapis ou girafes de forêt n'est pas épargnée de cette réalité. En dépit des stratégies arrêtés au regard des menaces qui pesaient sur elle depuis les années 1992 jusqu'à 1996, à savoir le braconnage et l'exploitation forestière à son sein, ayant débouché sous l'égide de l'UNESCO et d'autres partenaires à la mise au point d'un programme d'action conjointe de conservation communautaire de ce site, une autre menace plane depuis fin 1996 sur la RFO, à savoir : les conflits armés orchestrés successivement par les rebelles et miliciens congolais.

En effet, quelques mois seulement après son inscription sur la liste de patrimoine mondial, la guerre de 1996 a commencé et la région d'Ituri a sombrée dans une période de grande insécurité avec la présence de plusieurs milices armées, des pillages répétés de la station principale d'Epulu et des villages voisins, et provoquant des mouvements non contrôlés des populations. Le braconnage des éléphants a augmenté de façon dramatique et en même temps de nombreuses carrières minières sont apparues à plusieurs endroits dans la RFO. Face à cette situation de crise, le Comité du patrimoine mondial a décidé d'inscrire la RFO sur la liste du Patrimoine Mondial en péril.

Afin d'offrir aux différents acteurs de la gouvernance environnementale les bases « scientifiques et techniques » permettant une évaluation préliminaire des causes et impacts environnementaux des conflits armés à la RFO, ce travail se propose d'identifier les causes de ces conflits, de déterminer ses conséquences écologiques et d'analyser les stratégies mise en œuvre par l'ICCN et ses partenaires pour atténuer ses effets.

0.2. Revue de littérature

Les thématiques sur les causes et conséquences des conflits armés sur les ressources naturelles ont été documentées par plusieurs chercheurs avant nous. A la suite de Boulanger (1970) qui dit, nous citons : « la lecture in extenso des ouvrages des chercheurs précédents permet de pénétrer leurs pensées, d'apprécier les difficultés qu'ils ont rencontrées et les moyens qu'ils ont utilisés pour les surmonter, de saisir l'originalité de leur contribution et les lacunes qu'une autre recherche devra combler » ; nous avons eu à consulter quelques travaux se rapportant à ces thématiques.

Traitants des causes des conflits liés aux ressources naturelles, les chercheurs s'accordent à dire que ces causes sont variés et multiples. Ils vont de la divergence d'intérêt des acteurs nationaux (Tshieba, 1997 ; Trefon, 2001 ; Mule et al., 2003 ; Leyens, 2008 ; Languy, 2008 ; Hanon et al., 2008; Mufungizi et De Villé, 2008) aux stratégies géopolitiques des puissances internationales pour l'accès et le contrôle des ressources naturelles (Marcoux, 2003 ; Hugon, 2009 ;Jong, 2012 ; Kaimowitz, 2012). Chaque conflit environnemental a sa propre histoire, sa raison d'être et ses causes, qui peuvent parfois peu avoir avec les ressources naturelles comme telles. A ce sujet, Jong (2012) et Kaimowitz (2012), notent que les niveaux élevés de violence démesurée dans les aires forestières ne sont pas une coïncidence. Aux forêts, les gouvernements trouvent toujours très difficile d'étendre leur action. On y rencontre peu de services publics et personne n'observe les lois officielles sur la propriété. L'unique véritable loi est la loi de la jungle. Les riches fermiers et les propriétaires de ranchs, les compagnies minières, les paysans, les commerçants de bois, les peuples indigènes et les groupes de conservation veulent tous une part des actions. Les minéraux et le bois en conflit des régions forestières sont souvent utilisés pour financer les opérations militaires. Ainsi, on ne les appelle pas des « combats de jungle » pour rien.

Ces travaux ont le mérite de procéder à une analyse variée des causes des conflits armés autour des ressources naturelles. Cependant, ils ont comme faiblesse de se limiter à analyser les causes des conflits sans pour autant présenter les mécanismes mis en œuvre par les acteurs de la gouvernance environnementale pour domestiquer ces conflits.

Dans un autre registre, les chercheurs ont traité des effets des conflits armés sur les ressources naturelles, voire sur la biodiversité en soulignant soit les effets positifs de ces conflits (Kim, 1997 ; McNeely, 2003 ; Boiral et Veran, 2004 ; Baral et Heinen, 2006 ; Stevens et al., 2011), soit les effets négatifs (Austin et Bruch, 2000 ; Blom *et al.,* 2000 ; Blom et Yamindou, 2001 ; Hart et Mwinyihali, 2001 ; Hatton *et al.,* 2001 ; Jacobs et Schloeder, 2001 ; Kalpers, 2001a, 2001b ; Matthew *et al.,* 2001 ; Plumptre *et al.* 2001 ; Squire, 2001 ; Dudley et al., 2002 ; Guérete, 2014).

Pour les chercheurs qui ont mis l'accent sur les effets positifs des conflits armés sur la biodiversité, ces derniers estiment qu'en dépit de leurs caractères destructifs, les conflits armés sont susceptibles d'avoir des effets positifs sur la biodiversité. Les bénéfices collatéraux des conflits armés sur la biodiversité sont, bien entendu, qu'involontaires et accidentels (McNeely, 2003). La biodiversité peut bénéficier de l'occurrence de la guerre par le ralentissement ou l'arrêt des développements humains par endroits, mais aussi par une plus grande emphase sur le contrôle des populations rurales (McNeely, 2003). La création de zones d'accès interdit par les militaires ou les troupes rebelles favorise elle aussi le maintien des écosystèmes (Kim, 1997 ; McNeely, 2003). L'exemple le plus éloquent est celui de la zone démilitarisé entre la Corée du Nord et la Corée du Sud. Cette zone est devenue un véritable sanctuaire pour la majorité des espèces coréenne (Kim, 1997). Dans le même ordre d'idée, Kim (1997), McNeely (2003), Baral et Heinen (2006) et Steven et al (2011), notent tous que la pression sur les écosystèmes, en particulier sur la faune, peut être réduite considérablement par l'interruption des activités de chasse et/ou d'exploitation forestière lors des conflits armés. Les exemples de Nicaragua et de Népal sont cités. A Nigaragua, au moment même de l'intensification des conflits armés de 1978 à 1993, l'augmentation nette du couvert forestier de la côte Atlantique a été observée par Steven et al. (2011). Selon ces auteurs, ces observations supporteraient les résultats des travaux antérieurs indiquant que l'exploitation forestière a été interrompue de façon substantielle pendant les conflits armés. Au Népal, la saisie des armes sous licence des chasseurs par les rebelles maoïstes et le gouvernement népalien a permis, selon Baral et Heinen (2006), la résurgence de certaines populations animales disparues dans les forêts publiques.

Les travaux de ces chercheurs ont le mérite de prouver que les conflits armés n'ont pas seulement des effets négatifs sur la biodiversité, mais aussi des effets positifs. Bien que ces effets soient à court-termes comme le notent

Dudley et al. (2011), ils méritent d'être pris en considération dans les évaluations des impacts des conflits armés sur la biodiversité. Toutefois, ces travaux présentent tous une faiblesse de croire que la pression sur la faune peut être réduite considérablement lors des conflits armés, alors qu'une analyse fine montre que la pression sur la faune pendant les conflits armés ne diminue pas mais se déplace. Certes, les populations animales peuvent bénéficier pendant les conflits armés du retrait des armes et/ou d'arrêt des activités d'exploitation forestière comme à Nicaragua et au Népal, mais on ne peut en dire autant des espèces fauniques plus rares des aires protégées qui sont toujours affectés par le braconnage au profit des troupes rebelles et/ou miliciens.

Pour les chercheurs qui ont développé les effets négatifs des conflits armés sur la biodiversité, ces derniers avancent que le bilan des conflits armés sur la biodiversité est toujours négatifs ; d'où l'importance de se concentrer sur les effets néfastes des conflits armés en vue de prévenir ces fléaux. Une société armée et anarchique, reconnaissent-ils, a toujours des effets dévastateurs sur la biodiversité pendant et après un conflit armé. Les dommages causés par la guerre peuvent être directs ou indirects (Austin et Bruch, 2000 ; Blom et al., 2000 ; Blom et Yamindou, 2001 ; Hart et Mwinyihali, 2001 ; Hatton et al., 2001 ; Jacobs et Schloeder, 2001 ; Kalpers, 2001a, 2001b ; Matthew et al., 2001 ; Plumptre et al. 2001 ; Squire, 2001 ; Guérete, 2014 ; Jong, 2014). Des motifs stratégiques, commerciaux ou simplement de subsistance, tous issus du contexte politique, social et économique, peuvent être à l'origine de ces effets néfastes. Ces impacts peuvent être répartis en destruction de l'habitat, perte d'animaux sauvages, surexploitation et dégradation des ressources naturelles et pollution (Shambaugh et al. 2004).

Pendant les conflits armés, l'exploitation des ressources animales et végétales augmente de façon fulgurante (Dudley et al., 2002, Lanjouw, 2003). De plus, elle est souvent illégale : soit les espèces ciblées sont situées dans les aires protégées où leurs exploitation y est règlementée ou carrément interdite, soit, il s'agit d'espèces bénéficiant d'un statut de protection particulier (Hart et Mwinyihali, 2001 ; Guerete, 2014). Les espèces animales, généralement de gros mammifères, écopent tout particulièrement en période de conflit (Smith et al., 2003, Shambaugh et al. 2004). En effet, pendant les périodes des conflits, la demande des produits d'origine animale explose. Les gros mammifères étant des proies tout particulièrement prisées par plusieurs groupes d'utilisateurs tels que les populations locales, les réfugiés, les groupes rebelles et les forces militaires ou de maintien de la paix se trouvent exposé à la surexploitation (Hart et Mwinyihali, 2001 ; Hatton *et al.*, 2001 ; Jacobs et Schloeder, 2001 ; Kalpers, 2001a, 2001b ; Matthew *et al.*, 2001). Pour les groupes d'utilisateurs précités, la faune constitue une source d'alimentation, voire de revenus (Kalpers, 2001a, 2001b ; Matthew *et al.*, 2001 ; Plumptre *et al.* 2001 ; Squire, 2001 ; Guérete, 2014 ; Jong, 2014). Dans cette perspective, Dudley et al. (2002), notent que les zones de guerre ont davantage tendance à assumer le rôle des puits pour les populations humaines que des refuges pour les espèces animales.

En démontrant les effets négatifs des conflits armés sur la biodiversité, ces travaux ont le mérite de contribuer à l'amélioration des connaissances sur les effets néfastes des conflits armés sur la biodiversité. Cependant, en abordant profondément les effets néfastes des conflits armés sur la biodiversité sans approfondir les stratégies concrètes mises en œuvre par les acteurs de la gouvernance environnementale pour atténuer les effets néfastes desdits conflits, ces travaux souffrent de la même pathologie que les travaux orientés sur les enjeux des conflits autour des ressources naturelles. Si l'amélioration des connaissances sur les effets directs et indirects des conflits armés sur la biodiversité constitue l'une des 100 questions, si répondues, auraient le plus d'impacts à l'échelle mondiale sur les pratiques de la biologie de conservation comme le notent Sutherland et al. (2009), la connaissance des stratégies ou politiques mises en œuvres par les acteurs de la gouvernance environnementale pour gérer et domestiquer les effets néfastes des conflits armés sur la biodiversité constitue, elle aussi, une question importante (ou clef) qui pourrait faciliter l'amélioration de la gestion de la biodiversité en temps des conflits armés.

Nonobstant ces observations, faisons remarquer que les travaux des chercheurs précités ont tous abordé des thèmes similaires au présent travail. Les uns ont mis l'accent sur les causes des conflits environnementaux. Les autres sur les effets positifs et négatifs desdits conflits. Ce travail se démarque de tous ces travaux pour autant qu'il traite non seulement des effets des conflits armés à la RFO, un cas non encore élucidé dans la littérature scientifique mais aussi ne se limite pas à analyser les causes et conséquences environnementaux desdits conflits mais aussi présente les stratégies mises en œuvre par l'ICCN et ses partenaires pour atténuer les effets desdits conflits.

0.3. Problématique

Les conflits armés représentent un défi de taille pour la conservation de la nature dans les pays d'Afrique, et particulièrement ceux du bassin du Congo. Les guerres en RDC, et plus particulièrement dans sa région orientale ont contribué grandement à la destruction des milieux naturels et de la diversité biologique de la planète. Bien que la destruction du paysage naturel en temps de guerre ne soit pas nouvelle, l'ampleur de la destruction apportée par ces guerres est sans précédent. Ces guerres se sont accompagnées d'un effondrement de la gouvernance environnementale ayant engendré à son tour une dégradation accélérée de la biodiversité. En quelques jours, mieux en quelques semaines, a été détruit le long et patient travail de plusieurs années, voire le travail naturel de plusieurs millénaires. Ces destructions ont provoqué des dégradations irréversibles dans les écosystèmes. Il en est par exemple des espèces phares comme les okapis, les éléphants de forêt pour ne citer que ces ressources à la fois biologiques et économiques pour l'industrie touristique, qui ont été respectivement exterminés de 43% et 46% dans la RFO ces dix dernières années des conflits armés dans la région d'Ituri (D'Huart et Maziz, 2014).

Pourtant, comme patrimoine mondial, la RFO fait partie des garants de la préservation d'un patrimoine collectif lourdement impacté par le développement de la civilisation humaine. La faune, la flore, les habitats qu'elle permet de sauvegarder présentent une valeur universelle non seulement en tant qu'espèces et espaces originaux, mais également en raison du rôle actuel ou potentiel qu'ils peuvent jouer pour l'homme. Considérant son importance en terme biologique, la RFO devrait être préservée de toute forme des pratiques sociales pouvant détruire ses ressources. Ainsi, force est de constater que cela n'est pas le cas. À la fin de l'année 1996, en surcroit des menaces du braconnage et de l'exploitation minière (l'exploitation des diamants, de l'or,…) qui pesaient déjà sur elle, la RFO est devenue le théâtre des conflits armés. Cette situation aussi dramatique pour la population humaine que pour la biodiversité de la RFO, nous a poussés à poser la question suivante :

- Quels ont été les incidences des conflits armés sur la gouvernance de la RFO ?

De cette question centrale, ont découlé deux questions secondaires ci-après:

- Quels ont été les causes des conflits armés à la RFO ?
- Quelles sont les stratégies mises en œuvre par l'ICCN et de ses partenaires pour atténuer ces menaces ?

0.4. Hypothèses de recherche

Eu égard à la question principale posée ci-avant, l'hypothèse formulée était la suivante: les conflits armés à la RFO auraient eu des incidences négatives sur la gouvernance de la RFO. Ils auraient entamé la capacité organisationnelle de la RFO.

Par ailleurs, deux hypothèses secondaires ont été émises pour tenter de répondre aux questions secondaires :

L'exploitation des ressources naturelles, les limites de la RFO et le mode de gestion de la RFO seraient les causes des conflits armés à la RFO ;

Pour atténuer les menaces des conflits armés sur la RFO, l'ICCN et ses partenaires mettraient en œuvre plusieurs politiques, entres autres la gestion participative, le monitoring, le patrouille, la sensibilisation et le contrôle de la migration au sein de la RFO.

0.5. Objectifs et intérêts du travail

L'objectif poursuivi par cette étude est double. D'une façon globale, ce travail veut offrir aux différents acteurs de la gouvernance environnementale les bases « scientifiques et techniques » permettant une évaluation préliminaire des causes et impacts environnementaux desdits conflits armés à la RFO. Sous un angle concret, l'étude poursuit les objectifs suivants :

- Identifier les causes des conflits armés à la RFO ;
- Déterminer les conséquences desdits conflits sur la gouvernance de la RFO ;
- Et présenter les politiques mises en œuvre par l'ICCN et ses partenaires pour atténuer les menaces des conflits armés sur la RFO.

Au chapitre de l'intérêt de ce travail, soulignons que ce travail présente un intérêt pratique et scientifique[1]. Pratiquement, le présent travail fourni aux

---

[1] Nous pouvons également reconnaitre l'intérêt personnel pour autant que cet intérêt a inspiré la réalisation de ce projet de recherche. En réalité, notre intérêt à traiter la problématique des conflits armés autour des ressources naturelles a été inspiré par notre stage à Mambasa. Pendant notre stage, nous avions senti l'importance d'améliorer les connaissances sur les enjeux et conséquences

acteurs de la gouvernance environnementale des informations en lien avec les causes et conséquences des conflits armés à la RFO et les politiques mises en œuvre par l'ICCN et ses partenaires pour domestiquer ces conflits.

Scientifiquement, elle constitue une modeste contribution aux thématiques sur les effets directs et indirects des conflits armés sur la biodiversité, constituant une thématique importante lorsqu'on sait que dans les jours à venir le nombre des conflits armés pourraient de plus en plus croitre à la suite des changements climatiques et leurs conséquences désastreuses.

0.7. Délimitation du travail

Cette recherche ne concerne que la RFO et couvre la période allant de 1996 à 2014, soit de la première guerre dite de Libération (1996-1997) opposant l'Etat Zaïrois à l'Alliance des Forces De Libération (AFDL) en passant par celle opposant l'Etat Congolais aux rebellions de RCD/KML, MLC, APC, ... de 2001 à 2002 et afin, le conflit opposant l'Etat Congolais (ICCN, FARDC) à la milice Simba de Morgan entre 2009 à 2014.

0.8. Subdivision du travail

Précédé d'une introduction et clôturé par une conclusion et par quelques suggestions, ce travail comporte quatre chapitres. Le premier chapitre a trait aux considérations générales. Le deuxième chapitre porte sur le cadre méthodologique du travail. Le troisième chapitre développe les enjeux des conflits armés à la RFO et détermine les acteurs impliqués dans lesdits conflits. Le quatrième et dernier chapitre examine les conséquences des conflits à la RFO et présente les stratégies mises en œuvre par l'ICCN et ses partenaires pour atténuer les effets de ces conflits.

---

des conflits armés sur la biodiversité pour autant que dans cette région, les conflits armés obstruent la bonne gouvernance environnementale.

CHAPITRE UN : CONSIDERATIONS GENERALES

En vue d'accroitre au mieux la compréhension de cette étude, il se montre indispensable d'apporter la lumière sur les notions de conservation de la nature de par le monde et les politiques de conservation de la nature en RDC.

Pour ce faire, ce chapitre est subdivisé en deux sections. La première a trait au cadre conceptuel dans laquelle est clarifié le paradigme qui entoure les notions de conservation de la nature. La seconde développe quant à elle les politiques de conservation de la nature en RDC.

I.1. Cadre conceptuel

I.1.1. Paradigme de conservation de la nature

Conserver, disait Roosevelt cité par Worthington (1965), c'est utiliser sagement ». Pris dans ce sens, la conservation n'est que l'étude rationnelle et à long terme de la mise en valeur et de l'utilisation. Dans le cas des ressources renouvelables, cette acception implique l'utilisation des revenus sans toucher au capital. Ainsi, théoriquement, « conservation » n'est pas synonyme d'une stricte préservation des ressources.

Pour comprendre le contenu des mots « conservation de la nature », Rodary et Castellanet (2010) invitent à les placer sur un spectre imaginaire d'actions organisées sur des systèmes naturels. Dans cette image, la « conservation » est le terme générique pour désigner toute action visant à maintenir ou améliorer les systèmes naturels. Elle renvoie à l'idée de défense des éléments naturels contre des actions anthropiques, jugées négatives. La conservation de la nature s'oppose donc à « l'exploitation des ressources » qui elle, promeut une utilisation de la nature sans considération des impacts portés à ces systèmes. Sur ce spectre d'actions, le critère de maintien des dynamiques naturelles place la conservation à une extrémité, tandis que l'exploitation est à l'opposé.

La notion de gestion se trouve au cœur du paradigme de la conservation de la nature. Sans qu'elle définisse ni qualifie l'orientation de l'action, la gestion dans la conservation incite à une utilisation rationnelle de la nature. Elle a un statut fourre-tout en ce qu'elle désigne très peu de choses, si ce n'est seulement la volonté de rationnaliser l'action comme le notent Rodary et Castellanet (2010). Cette conception, encore théorique dans bien de cas, n'est pas né du néant. Elle est le résultat des modifications et controverses profondes qu'ont subi des nombreuses formes de conservation adoptées au cours du siècle précédent. De la théorie à la pratique, le paradigme de conservation de la nature a évolué dans une controverse, notamment dans son rapport avec l'homme. La toute première conception de la conservation considérait l'homme comme une menace pour la nature. Il fallait l'extraire des aires protégées pour y garder la nature. Personne ne pouvait demander son avis, ni s'intéresser à la façon dont il menait son existence, aux liens qu'il a tissé, depuis des siècles, avec les plantes, les animaux, les saisons, etc. La nature seule comptait. En plus, la nature est confondue avec la vie sauvage. Les premiers schémas de la conservation par des aires protégées sont associés à des idées attribuées à des malthusiens fustigeant les menaces qui pèsent sur la nature, surtout dans les pays en voie de développement, et la pression de l'homme.

Bien que ce type de conservation ait débuté plus tôt, les discours de crise des années 60, notamment d'Ehrlich (fondateur du Club de Rome) dans ses ouvrages « *The Population Bomb* » et « *The Limits to Growth* », sont sans doute venus en première loge cristalliser cette conception. Dans cette conception, certains n'ont pas hésité de lâcher leurs éloges pour les aires protégées en ne les considérant que comme des aires de détente aux personnes cultivées ou des lieux de repos et de rafraîchissement pour les ressortissants des pays développés. Ce paradigme de conservation ne pouvait que se heurter contre des critiques basées sur plusieurs fondements. Le premier reproche fait de ce paradigme c'est qu'elle est ethnocentrique puisqu'il ne favorise que les idées que se font les occidentaux de la nature. Ensuite, ne prenant pas en compte les perceptions des indigènes, il a été vite considéré d'élitiste. Enfin, les conceptions attachées à ce paradigme, ainsi que le note Vikanza (2012), ont été réputées désuètes pour autant qu'elles étaient celles qui "gelaient" le *statu quo* en matière d'écologie en se référant à des notions fixistes "d'équilibres naturels". Toutes ces critiques ont donné lieu à une nouvelle approche de la conservation dans les années 70.

À la fin des années 70, les discours de « l'homme-ressource, celui qu'on ne peut ignorer » a supplanté ceux de « l'homme-menace ». Ainsi, le thème « conservation et développement » s'est vu proliférer dans les discours des savants qui tendaient à montrer l'interdépendance des deux. Les organismes de conservation se sont emparés du concept en dénonçant les attitudes des conservationnistes de première heure. Sur scène, des thèmes de reconnaissance du savoir et des systèmes de gestion des terres propres aux indigènes ont également proliféré. Couronnant le tout, le rapport Phillipson (1987) sur les 25 ans de la conservation mis en exergue les caractères inopérant et moins efficace des méthodes conservationnistes. Il souligna également l'asymétrie dans les relations de pouvoir entre le terrain et le centre de commandement de la conservation. Ainsi, il était devenu plus que nécessaire de réorienter la conception de la conservation.

Théoriquement, la majorité des environnementalistes s'accordent maintenant à dire qu'il n'est plus ni faisable politiquement, ni justifiable sur le plan éthique d'exclure l'homme dans les stratégies de conservation. Il n'est donc plus blâmé comme destructeur et s'il est, on invite à comprendre que la pauvreté peut parfois le forcer à dépendre des seules ressources disponibles.

Toutefois, malgré ces mutations du discours, il est à noter que les nouvelles conceptions de conservation de la nature n'érigent l'homme qu'en une ressource pour atteindre les objectifs de conservation. Dans cette perspective, les experts de conservation ont introduit plusieurs notions dans les stratégies de conservation de la nature, notamment les notions de zone tampon entre les espaces de vie et l'aire sanctuarisée, de conservation intégrée et approches de développement, d'utilisation durable des ressources et des formes de conservation à l'échelle des communautés. Toutes ces notions ont donné lieu à une catégorisation des aires protégées dont la plus reconnue internationalement reste celle de l'UICN présentée dans le tableau 1 ci-dessous :

Le tableau 1 : **Catégories et Objectifs de gestion des Aires protégées**

Catégorie	Appellation		Objectifs de gestion
I	Ia	Réserve naturelle intégrale	Protection intégrale des AP pour des fins scientifiques
	Ib	Zone de nature sauvage	Protection intégrale des ressources sauvages
II	Parc national		Protéger des écosystèmes et à des fins récréatives (tourisme)
III	Monument naturel		Préserver des éléments naturels spécifiques
IV	Aire de gestion des habitats ou des espèces		Fins de conservation par gestion active
V	Paysage terrestre ou marin protégé		Conservation des paysages terrestres ou marins et à des fins récréatives (loisirs)
VI	Aire protégée de ressource naturelle gérée		Fins d'utilisation des écosystèmes naturels

Source : IUCN (2008)

Comme nous renseigne le tableau ci-dessus, selon leur mode de gestion lié aux objectifs de conservation, l'IUCN distingue dans ses lignes directrices six catégories cotées par des chiffres romains de I à VI. Les valeurs de ces chiffres identifient les catégories de gestion et augmentent avec le degré de l'intervention humaine suivant le type de réserve. Chaque catégorie conserve son importance pour la conservation avec la finalité (annoncée) de contribuer au développement durable. La gradation des catégories dépend donc de la présence humaine dans la réserve et non de son importance.

I.2. : Politique de conservation de la nature en RDC
I.2.1. Potentiel de la RDC en biodiversité

Située de part et d'autre de l'Equateur entre 5°20' de latitude nord et 13° 27' de latitude sud, étendue entre 4° 12' et 31° 00' de longitude est, la RDC constitue un vaste territoire d'environ 2.345.000 km². Elle partage ses frontières avec neuf pays : l'Angola, le Burundi, la République Centrafricaine, la République du Congo, l'Ouganda, le Rwanda, le Soudan, la Tanzanie et la Zambie.

Vaste en étendue, la RDC est aussi le domaine d'une forte diversité que ce soit en termes culturels, climatiques, géomorphologiques, pédologiques et de végétation. Il en est de même des richesses naturelles renouvelables et non renouvelables, dont les potentiels restent sans commune mesure avec les autres pays du continent africain tel que le notent Kasulu et Kapa (2009).

Sa biodiversité importante est représentée par un complexe végétal imposant et de faciès varié, allant de type forestier dense jusqu'aux savanes plus ou moins boisées et forêts claires ; habitats d'une faune également diversifiée, constituée des espèces endémiques, rares ou uniques au monde. Le plan d'eau intérieur occupe 3.5 % de l'étendue du territoire national et son potentiel représente plus de 50 % d'eau douce du continent. En plus de constituer une source immense d'eau de boisson, il abrite une faune ichtyologique riche et variée et représente dans certains de ses biefs non navigables, une source potentielle d'énergie hydro-électrique (Kasulu et Kapa. 2009).

Du fait de sa position à cheval sur l'Equateur, couplée d'une morphologie dont le relief varie considérablement, allant de zéro mètre à l'embouchure du fleuve Congo à 5.119m au Mont Ruwenzori, la RDC présente une variété d'habitats naturels et une biodiversité exceptionnelle faisant d'elle un des pays de la méga-biodiversité au monde. Sa flore contient au moins 10.000 espèces de plantes vasculaires déjà identifiées (Kasulu et Kapa, 2009). Sa faune est hautement diversifiée suite notamment à la présence de nombreux refuges datant des périodes glaciaires et de zones d'endémisme poussé.

En termes floristiques et suivant le relief et la proximité de la cuvette centrale, quatre régions floristiques se distinguent nettement. Il s'agit de :

- une bande étroite de savane boisée et herbeuse au nord, reliant la zone guinéo-congolaise de la cuvette centrale à la zone soudanienne ;
- une bande de savane boisée et herbeuse qui joint la région guinéo-congolaise à la zone zambézienne au sud de l'Equateur ;
- un massif de forêts guinéo-congolaises couvrant la cuvette centrale ;
- une région forestière montagneuse de l'est du pays, située dans le Graben africain et entrecoupée d'une série de grands lacs.

A ces quatre principales régions floristiques, s'intègrent une série d'habitats naturels qui représentent des variantes en termes édaphiques, pédoclimatiques et de composition spécifique. On en dénombre au total 19 regroupés en trois grands ensembles qui, à leur tour, se démarquent à l'intérieur même du faciès principal dépendamment de leur composition en espèces de faune et de la flore (Kasulu et Kapa. 2009).

Le premier ensemble physionomique est constitué des écosystèmes forestiers comprenant 11 types de formations forestières (forêts marécageuses, forêts ombrophiles, forêt ombrophile de transition, forêt afromontagnarde (avec trois variantes), forêt sèche zambézienne (Muhulu), forêt claire zambézienne (Miombo), forêt claire soudanienne, forêt sclérophylle littorale, mangroves). Elles représentent 52 % du territoire national. Ces formations sont inclues dans les aires protégées à l'exception de la bambousaie à *Oxytenanthera abysinica*. Cette dernière ainsi que les mangroves à palétuviers sont deux écosystèmes uniques et moins représentatifs du pays. Dans l'ensemble, la diversité spécifique y est élevée avec la présence de plusieurs espèces endémiques et/ou menacées de disparition. Citons, à titre indicatif parmi les végétaux, *Diospyros grex, Encephalarctos septentrionalis, Eremospatha haullevilleana, Gnetum africanum, Juniperus procera, Milletia laurentii, Pericopsis elata et Sclerosperma mannii.* Chez les animaux mentionnons le chimpanzé nain ou bonobo (*Pan paniscus*) de la Salonga et le paon congolais (*Afropavo congensis*) de la Maiko, le gorille (*Gorilla gorilla*) des Virunga et de Kahuzi-Biega, l'okapi (*Okapia johnstoni*) de la RFO, et le lamantin aquatique (*Trichechus senegalensis*) des mangroves.

Le second ensemble est constitué des écosystèmes savanicoles et autres apparentés, répartis dans trois types de formation végétale représentant 44 % du territoire national, à savoir les savanes arbustives, boisées et herbeuses. Ces savanes ainsi que leur biodiversité floristique et faunique (plus particulièrement *Nauclea latifolia, Kigelia africana et Erythrophleum africanum;* l'éléphant des savanes, *Loxondonta africana africana*, le rhinocéros blanc du Nord, *Cerathotherium simum cotoni* et les antilopes des savanes, *Tragelaphus scriptus et Kobus kob*) sont fortement menacées par les feux de brousse, le braconnage et les pratiques de l'agriculture itinérante sur brûlis.

Enfin, le troisième ensemble est constitué des écosystèmes aquatiques couvrant environ 3% du territoire national et représentés par les zones lacustres, fluviatiles et les biefs maritimes. Elles abritent entre autres des reptiles, des mammifères aquatiques fortement menacés et de fortes concentrations d'oiseaux, dont les oiseaux migrateurs protégés par la CITES et la Convention de Ramsar (Kasulu et Kapa. 2009).

Avec ses multitudes habitats naturels baignés par une variabilité climatique, la RDC regorge une biodiversité exceptionnelle avec un taux élevé d'endémicité. Dans le cadre de la préservation de ces habitats, notamment de leurs composantes fauniques et floristiques, la RDC a bâti un réseau d'aires protégées qui couvre actuellement environ 10% de son territoire et projette d'en créer d'autres. Ce réseau est constitué de sept parcs nationaux (±3,6%)

dont quatre sont inscrits sur la liste des biens du patrimoine mondial de l'UNESCO (Salonga, Virunga, Kahuzi-Biega et Maiko) en même titre que la RFO, de réserves et domaines de chasse (±4,20%), de réserves de biosphère (±0,13%) et de réserves forestières (±0,68%) dans le cadre de la conservation in situ et des jardins zoologiques et botaniques en ce qui a trait à la conservation ex situ. L'objectif étant de porter cette superficie à 15% de l'étendue du territoire national (Kasulu et Kapa. 2009).

En terme de la biodiversité faunique, la RDC détient l'une des principales réserves du monde constituées de 352 espèces de reptiles, 168 espèces de batraciens ; 1086 espèces d'oiseaux ; 421 espèces de mammifères, 1596 espèces d'invertébrés aquatiques dont 1423 d'eau douce et 183 marines ; 544 espèces d'invertébrés terrestres et 1606 espèces de vertébrés aquatiques. Sa faune ichtyologique compte une quarantaine de familles représentant plus de 1000 espèces dont près de 800 vivent dans le système du fleuve Congo. Le pays abrite par ailleurs plus de genres de primates que tous les pays du monde.

Des réserves forestières établies en période coloniale n'existent actuellement que de nom et sont quasiment abandonnées et envahies par les populations environnantes. Quant aux domaines et réserves de chasse, quelques efforts timides sont déployés pour les maintenir en fonction et notamment à l'est du pays. De trois réserves de biosphère reconnues, seule celle de la Luki dans le Mayumbe (forêt ombrophile de transition) bénéficie encore d'une particulière attention. Les deux autres de Yangambi (forêt dense ombrophile) et de la Lufira (forêt claire zambézienne du sud du pays) sont carrément à l'abandon par manque de suivi et d'apports financiers pour leur gestion (Kasulu et al. 2009).

Par ailleurs, suite à un travail conjoint ICCN-WWF, des zones prioritaires de conservation, présentant une haute valeur biologique, ont été identifiées. Certaines, dont la priorité est considérée la plus élevée, correspondent soit aux aires protégées existantes, aux landscapes identifiés dans le cadre du

Partenariat pour le Bassin du Congo, soit encore aux sites prioritaires pour la conservation de l'UICN.

Par rapport aux quatre régions floristiques citées ci haut, la situation en termes des priorités de conservation est résumée dans le tableau 2 ci-dessous.

Tableau 2: Régions floristiques et priorités de conservation en RDC

Régions floristiques	Site à conservation jugée			
	Très prioritaire	Prioritaire	Modérément prioritaire	Corridor
1. Savane boisée et herbeuse du nord de la cuvette centrale	• Garamba • Gangala-na Bodio • RFO • Maiko	• Yakoma	• Ango • Dungu • Abumobazi	• Bili-Uere/Bomu
2. Mangroves, forêts de transition, savane boisée et herbeuse du sud	• Parc marin des Mangroves • Luki • N'Sele • Mbombo Lumene • Parcs Upemba et Kundelungu • Lubudi Sampwe	• Bande sud allant du nord de Kapanga à Sandoa • Pourtours de Dilolo et Sandoa/Kapanga • Mai-Mpili	• Swa Kibula • Popokabaka-Kasongo Lunda • Interland minier sud du Katanga • Nord de Luiza	• Interland minier sud du Katanga • Région de Kananga-Luebo-Mweka-Tshilenge
3. Forêts ombrophiles de la cuvette centrale	• Landascape lac Tumba • Parc Salonga • Ngiri • Bande du fleuve Congo sur tronçon compris entre Mankanza et Ubundu • Lomako-Lokokala-Luo • Lomami-Lualaba	• Sankuru		• Corridors divers reliant les aires à conservation jugée nécessaire
4. Forêts de montagnes de l'est	• Ensemble de la dorsale du Graben avec Kahuzi-Biega, Virunga, Tayna jusqu'à l'Ituri • Monts Itombwe • Région Fizi-Uvira-Mwenga		• Région de Kabambare et de Kalemie.	

Source : Kasulu et Kapa (2009)

I.2.2. Principales institutions publiques impliquées dans la gestion de la biodiversité en RDC

L'essentiel des fonctions liées à la gestion de la biodiversité revient actuellement au Ministère de l'Environnement, Conservation de la Nature et Tourisme. Toutefois, certaines de ces fonctions sont également du ressort des autres Ministères en charge notamment de l'Agriculture et Développement Rural, du Transport, de l'Energie, de la Santé, du Commerce Extérieur, du Plan, de l'Economie, des Mines et Hydrocarbures, etc. ; du fait souvent de leurs effets indirects induits sur les composantes de la biodiversité.

L'opérationnalisation de leurs mandats respectifs est consacrée par l'article 1er de l'ordonnance n° 07/017 du 16 mai 2007 qui fixe leurs attributions spécifiques et énumère des attributions communes ci-après :

- conception, élaboration et mise en œuvre de la politique du Gouvernement dans les secteurs qui leur sont confiés ;
- préparation des projets de traités, conventions et accords internationaux, des lois, d'ordonnance-lois, d'ordonnances, décrets et arrêtés d'exécution en rapport avec leurs attributions ;
- contrôle et tutelle des établissements et des services publics ainsi que des entreprises publiques de leurs secteurs respectifs ;
- gestion des relations avec les organisations internationales s'occupant des matières de leurs secteurs respectifs ;
- représentation de l'Etat dans les rencontres nationales et internationales en rapport avec les matières relevant de leurs secteurs d'activité ;
- gestion des relations avec les organisations nationales s'occupant des matières relevant de leurs secteurs respectifs ;
- gestion du secteur d'activités en collaboration avec les autres ministères ;

- gestion des agents de carrière des services publics de l'Etat en collaboration avec le Ministère de la Fonction publique ;
- mise en œuvre de la politique du Gouvernement pour la bonne gouvernance et la lutte contre la corruption et les antivaleurs ;
- mobilisation des recettes assignées à leur service ;
- engagement de dépenses prévues au budget de l'Etat suivant le crédit alloué à leurs ministères.

I.2.3. Principaux instruments juridiques régissant la gestion de la biodiversité en RDC

I.2.3.1. Accords, Traités et Conventions internationaux

La RDC est partie à certains accords multilatéraux sur l'environnement, par le fait de la ratification ou de l'adhésion. Il s'agit notamment de la Convention sur la diversité biologique et du Protocole de Cartagena sur la prévention des risques biotechnologiques, de la Convention cadre des Nations Unies sur les changements climatiques et du Protocole de Kyoto, de la Convention des Nations sur la désertification, de la Convention sur la protection du patrimoine mondial, de la Convention sur le commerce international des espèces de faune et de flore sauvages menacées d'extinction (CITES) et de la Convention RAMSAR.

En outre, la RDC a signé le 5 février 2005 le Traité créant la COMIFAC ainsi que le plan de convergence. Elle devra donc engager le processus de la ratification de ce traité conformément aux dispositions constitutionnelles.

Dans le cadre de la mise en œuvre de ces différents accords, traités et conventions, la RDC a produit quelques stratégies et plans d'action en ce qui concerne notamment la biodiversité, la biosécurité, les changements climatiques, la lutte contre la désertification et la dégradation des terres .Une réplique nationale prenant en compte les axes du plan de convergence a été produit et sa mise en œuvre devrait permettre une gestion rationnelle et responsable de ressources de la biodiversité dans un optique régional focalisé sur le grand massif forestier du Bassin du Congo (Kasulu et al. 2009).

I.2.3.2. Législation nationale en matière de la biodiversité

Les principaux textes juridiques ci-après régissant la biodiversité en RDC ont été identifiés:

- la Loi n°14/003 du 11 Février 2014 relative à la conservation de la nature
- la Loi n°011/2002 du 29 août 2002 portant Code forestier ;
- la Loi n°82-002 du 28 mai 1982 portant réglementation de la chasse ;
- la Loi n°75-024 du 22 juillet 1975 relative à la création des secteurs sauvegardés ;
- l'Ordonnance loi n°69-041 du 22 août 1969 relative à la conservation de la nature ;
- le Décret du 6 mai 1952 sur les concessions et l'administration des eaux, des lacs et des cours d'eaux ;
- le Décret du 21 avril 1937 sur la pêche ;
- le Décret du 12 juillet 1932 portant réglementation de la concession de pêche ; etc.

Certains textes juridiques sont inefficaces faute des mesures d'exécution. D'autres sont dépassés et nécessitent une adaptation tenant compte des objectifs de la Convention sur la diversité biologique. C'est la raison pour laquelle des projets de Lois ci-après au cours d'élaboration pouvaient répondre à cette préoccupation. Il s'agit notamment du :

- Projet de Loi – cadre sur l'Environnement ;
- Projet de Loi relative à la Biotechnologie moderne ;

- Projet de Loi portant code de l'Eau ;
- Projet de Loi sur la Pêche.

Avec l'entrée en vigueur de la Convention sur la diversité biologique, de la Convention RAMSAR et de la CITES, de la Convention africaine pour la Conservation de la nature et des ressources naturelles, du Traité relatif à la conservation et à la gestion durable des écosystèmes forestiers d'Afrique centrale ainsi que la promulgation du Code forestier, il s'avère nécessaire et même urgent d'harmoniser l'ensemble de la législation notamment en procédant à la finalisation des projets de Lois ci-dessus énumérés, à la mise en place des mesures d'exécution pour la Loi n° 14/003 du 11 Février 2014 relative à la conservation de la nature et à l'élaboration du projet de Loi nationale sur les espèces de faune et de flore sauvages menacées d'extinction.

I.2.3. Gestion des aires protégées

La gestion des aires protégées est assurée par l'Institut Congolais pour la Conservation de la Nature (ICCN) pour la conservation in situ et par l'Institut des Jardins Zoologiques et Botaniques du Congo (IJZBC) pour la conservation ex situ. Le réseau d'aires protégées est constitué de 7 parcs nationaux, 63 réserves et domaines de chasse, 3 réserves de la biosphère, 3 jardins zoologiques et 3 jardins botaniques. L'ensemble fait une couverture de près de 10% du territoire national (Tableau 3).

Entre novembre 2007 et janvier 2008, avec le concours des parties prenantes impliquées dans la gestion des ressources biologiques, la RDC a procédé à la revue de la mise en œuvre du Programme de travail de la CDB sur les aires protégées en mettant l'accent sur la conservation in situ. Le résultat de cette revue a confirmé d'une part, la persistance des plusieurs types des problèmes de gestion déjà constatés au cours des analyses faites dans d'autres circonstances et d'autre part, l'existence des efforts considérables entrepris par l'ICCN en vue d'assurer une gestion saine des aires protégées.

Tableau 3 : Répartition des aires protégées en RDC

Type	Nombre	Superficie approximative	% au pays
Parcs nationaux opérationnel	7	8.491.000	3,6
En projet	4	2.244.625	0,9
Domaines de chasse	57	10.954.266	4,2
Réserve de la biosphère	3	267.414	0,13
Réserves forestières	117	517.169	0,68
Jardins zoologiques et Botaniques	3 3	3.000	0,0+
Secteurs sauvegardés Sites de reboisement Réserves naturelles	- 1	112.000 36.000	0,0+ 0,0+
Total		22.655.474	9.51

Source : Modifié de la compilation ICCN (1996)

Les principaux problèmes demeurent le manque des ressources financières, l'insuffisance et la démotivation du personnel, l'envahissement des aires protégées situées dans la partie orientale du pays par des groupes armés, le braconnage, l'exploitation minière, conflits avec les populations locales et riveraines, etc. Quant aux progrès réalisés dans la mise en œuvre du Programme de travail sur les aires protégées, il convient de signaler quelques activités menées avec le concours de certains bailleurs des fonds notamment l'Union Européenne, la Banque Mondiale, le Fonds pour l'Environnement Mondial (FEM), le PNUD, le Fonds des Nations Unies/UNESCO et la Coopération Technique Allemande (GTZ). La plupart de ces activités contribuent au renforcement des capacités institutionnelles, à la sauvegarde des sites et à l'appui logistique sur terrain (Kasulu et al. 2009). Bien d'autres activités sont menées sur les sites avec l'appui des ONG internationales. Il s'agit de la conservation des grands mammifères, du zonage, de la cartographie, de l'agro foresterie, l'éducation mésologique, de la formation des gardes, du développement communautaire, de la lutte contre le braconnage, l'appui logistique et aérien pour le monitoring, des inventaires biologiques, de l'exploration entomologique, etc.

En somme, ce chapitre était destiné à clarifier le paradigme entourant les notions de la conservation de la nature et de présenter les politiques de conservation de la nature en RDC. Cet objectif étant réalisé, nous abordons dans le chapitre suivant le cadre méthodologique de ce travail.

CHAPITRE DEUX : CADRE METHODOLOGIQUE

Dans ce chapitre il est question de présenter les matériels et méthodes utilisés pour récolter, traiter et interpréter les données du présent travail. Avant d'en arriver là, commençons par présenter le milieu d'étude du présent travail, et ensuite nous aborderons le cadre méthodologique.

II.2. : Présentation du milieu d'étude : la RFO
II.2.1. Localisation de la RFO

La RFO est située dans la forêt de l'Ituri entre 1° et 2° 29 minutes latitude Nord et 28° et 29° 4 minutes longitude Est dans la province Orientale, au Nord-est de la République Démocratique du Congo. C'est une aire protégée dont l'altitude est comprise entre 700 et 1000m. Elle couvre une superficie de 1.372.625 hectares et se situe entre les centres de Mambasa, de Niania, de Wamba et de Mungbere et Andudu.

Elle est à cheval sur trois territoires administratifs dont Mambasa, Wamba et Watsa et s'étend sur dix chefferies, dont cinq en territoire de Mambasa en District de l'Ituri et couvrant en soi 90% de la superficie de la réserve, 7% en territoire de Wamba et 3% en territoire de Watsa dans le Haut-Uele. Selon l'ordre des territoires, ces chefferies sont :

- A MAMBASA : Bandaka, Babombi, Walese/Karo et Walese/Dese ;
- A WAMBA: Bafxakoy, Maha et Malamba;
- A WATSA: Kiateru et Kelo

La route nationale 4 (RN4) reliant Mambasa à Niania coupe la partie centrale de la réserve traversant ainsi Epulu (1° 25' N et 28° 35' E), le siège administratif de la réserve (Figure 1).

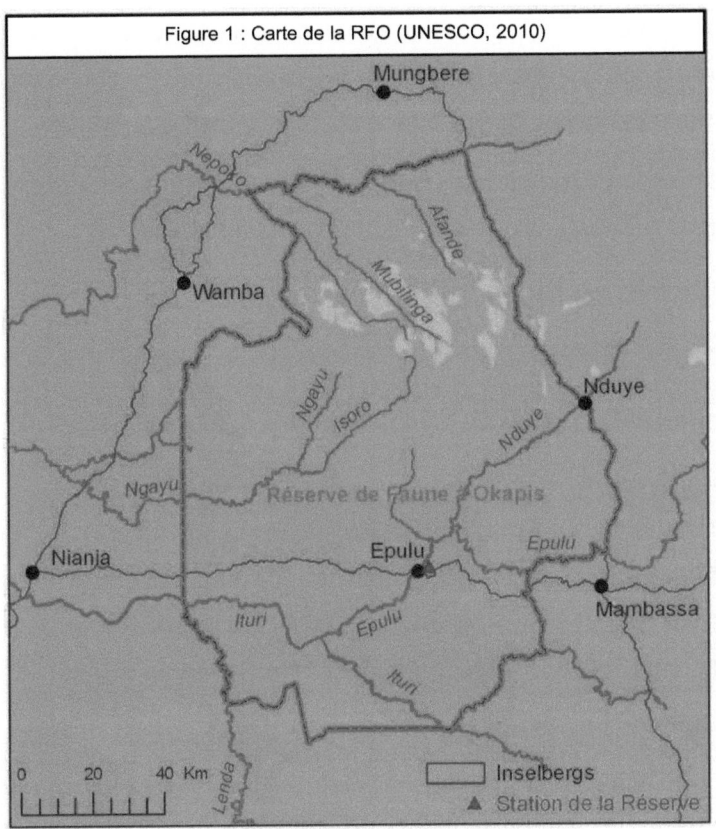

Figure 1 : Carte de la RFO (UNESCO, 2010)

II.2.2. Le climat et sol de la RFO

Le climat de la RFO est du type tropical et équatorial caractérisé par la grande saison sèche allant de Décembre en Mars et de Juin en Août entrecoupé par des pluies intermittentes et une saison pluvieuse qui occupe le reste des mois que compte l'année. Les précipitions annuelles varient entre 1600 et 1800 mm. La variabilité interannuelle est considérable, Janvier et Février avec une moyenne de 60 mm/mois sont généralement les mois les plus secs. Sa température moyenne est de 24,5° (Bengana et Hart, J. 1994).

Signalons en passant que des anomalies climatiques actuellement observées interviennent plus ou moins profondément dans les limites des saisons. Ceci serait dû au déboisement anarchique ainsi qu'à la déforestation excessive que connaissent respectivement la RFO par les activités anthropiques tant minière, agricole que ménagère ; et que connait la forêt dense équatoriale.

Quant à son sol, Lozert cité par Bengana et Hart (1994) nous renseigne qu'il appartient au groupe Loto, sols rouges et ocres forestiers.

I.2.3. La biodiversité de la RFO
I.2.3.1. La flore

La couverture végétale de la RFO présente 4 types principaux de forêts, à savoir :

- La forêt mono dominante à *Gilbertiodendron dewevrei* ;
- La forêt mixte dominée par *cynometra Alexendrii* et *Julbernadia Seratii* ;
- La forêt des massifs Rochers ou Inselberg du Nord ;
- Et la forêt marécageuse périodiquement inondée, surtout le long des grands cours d'eau.

Tous ces habitats offrent une flore diversifiée avec 1200 espèces de plantes dont arbres, arbustes, les lianes de plus de 1cm de diamètre et les herbacés (Aveling et Hart, 2006).

I.2.3.2. La faune

Comme son nom l'insinue, l'Okapi est l'animal phare de la RFO. La protection de son habitat est la raison d'être officiel de la RFO (UICN/PACO, 2010).

Outre l'espèce phare de la RFO, l'okapi, la réserve est reconnue pour sa faune forestière particulièrement riche. Au moment de sa création en mai 1992, elle abritait une des plus importantes populations d'éléphants de forêt du Congo, estimée à environ 7.000 individus avant la guerre de 1996 (Aveling et Hart, 2006). Elle abrite aussi deux espèces de suidés, le buffle de forêt, 17 espèces de primates (dont 13 diurnes) et six espèces de céphalophe (Aveling et Curran, 2007).

La présence du genet aquatique, *Osbornictus piscivora* est également signalé (UICN/PACO, 2010). L'avifaune est très riche avec 350 espèces d'oiseaux, y compris le paon congolais, endémique à l'est de la République Démocratique du Congo et le Golden Naped Weaver, endémique à la forêt d'Ituri (ICCN, 1996).

Les reptiles de la RFO sont jusqu'à présent peu connus mais ils incluent trois espèces de crocodiles dont : Crocodylus iloticus, Crocodylus cataphractus et Ostéolenus Tetraspis, toutes menaces d'extinction.

Rappelons qu'à part ces espèces citées ci-haut, la réserve héberge 4 autres espèces totalement protégées à savoir, oryctérope, pangolin géant, perroquet gris et tortues (Aveling et Hart, 2006).

I.2.4. Statut de la RFO

Créée par l'arrêté arrêté ministériel n°045/CM/ECN/92 du 2 mai 1992, la RFO s'insère parmi les aires protégées (Parc nationaux, réserves naturelles et domaines de chasse) gérées par l'ICCN. En 1996, l'IUCN inscrit la RFO sur la liste du patrimoine mondial en raison de sa biodiversité unique, mais en 1997, la RFO a été inscrite sur la liste du patrimoine mondial en péril « en raison de la guerre civile et le secteur minier ».

La RFO diffère d'un parc national pour deux raisons fondamentales :

- Elle est habitée alors qu'aucune présence humaine n'est acceptée dans le parc ; exception faite pour des enclaves reconnues à la création (cas des pêcheries au parc national de Virunga) ;
- La seconde raison est qu'elle a été instituée par un arrêté ministériel, alors qu'un parc est créé sur base d'une ordonnance-loi présidentielle. Le parc est une aire protégée mise à part pour la conservation intégrale

de la faune et flore où seules les activités touristiques et scientifiques sont autorisée.

I.2.5. La population humaine au sein de la RFO

54.161 est le nombre des personnes[2] qui vivent dans la RFO et dans sa périphérie immédiate dont 16.999 à l'intérieur et 37.162 à l'extérieur (dans un rayon de 15 km). Les zones de forte concentration humaine se situent au Nord-Ouest de la réserve. Ces zones sont devenues des zones d'intervention prioritaires (ZIP) en termes d'éducation mésologique, de conservation communautaire et de lutte anti-braconnage.

Cinq grandes tribus sont connus dans la RFO notamment : Ndaka, Mbo, Bila, Cese et Mamvu, comme les autochtones ; et vivent depuis longtemps en association. Des populations de pygmées chasseurs et cueilleurs (Mbuti et Efe) vivent toujours en partenariat avec les bantous considérés comme leur responsable d'où le terme « Bakwala ». Ils échangent la viande de Gibiers et d'autres produits forestiers contre les produits agricoles et/ou manufacturés. Il est même remarquable de noter que les communautés des pygmées n'ont jamais été totalement indépendantes des bantous qui les manipulent tant dans les biens que dans le mal sur la protection et la destruction de la RFO.

Rappelons aussi qu'à ces tribus autochtones, s'ajoutent d'autres tribus dont les plus remarquables sont les Bira et Nande qui sont depuis la date du 31 juillet 2005 considérés comme des résidents de la RFO, statut donné à tout congolais qui, à la date précitée, avait son domicile légal dans une des localités situées dans la réserve et le témoignage du chef de localité concernée et le registre des habitants de la RFO faisant foi.

---

[2] Suivant le dernier recensement de 2004.

Les populations de la RFO sont autorisées de réaliser certaines activités de subsistance compatibles avec la conservation de la nature dont les principales sont :

> ➢ *La chasse :*

Selon l'arrêté N° 022/DECNT/CCE/82 de la 08/2/1982 portant réglementation de la chasse dans les domaines et réserves, la chasse des espèces non protégées est autorisée à la population locale aux périodes fixées par l'ICCN. Les espèces partiellement protégées déjà énumérées ci-dessus ne peuvent être chassées qu'avec un certain permis de chasse et dans les conditions et limites fixées par l'arrêté du ministre compétent. La chasse règlementée des espèces non protégées est permise dans la zone dite de chasse et/ou zone agricole.

> ➢ *L'agriculture :*

La population vivant dans la RFO et ses environs pratique l'agriculture dite « de subsistance » dans la zone agricole. Notons que les cultures pérennes (Café, palmier elaeis,...) sont interdites.

> ➢ *Autres activités :*

Le petit commerce, la pêche et l'artisanat sont autorisés. Néanmoins, quant à la pêche, elle ne doit être pratiquée que d'une façon artisanale dans les rivières. Ses produits sont réservés à l'autoconsommation et non à la commercialisation.

I.2.5. Structure organisationnelle de la RFO

La première autorité de la RFO est l'ICCN représenté par le Conservateur en chef, le Chef du site. Ce dernier est assisté par un corps de gardes parc, une structure paramilitaire dont le chef de commandement sert de pont entre les gardes parc et le Conservateur en chef et chef du site. Durant l'exercice de leurs fonctions, les gardes sont porteurs d'une tenue et d'une arme à feu, équipement reçus du gouvernement congolais. Et pendant leurs missions de répression du braconnage et autres activités illégales telle que l'exploitation minière, ils ravissent tous les matériels (armes, ivoire, viande, or, coltan, diamant) appréhendés et ayant servis pour cette fin, en vertu de la loi 69/041 à son article 8.

S'agissant de l'effectif du personnel de l'ICCN à la RFO, soulignons qu'il s'élève à 88 membres permanents et une quarantaine de temporaires (pisteurs et porteurs) (UICN/PACO, 2010). L'effectif du personnel permanent est très insignifiant pour la protection de cette aire protégée. Dans les lignes directrices du 1er plan d'aménagement, il avait été proposé 216 personnes (UICN/PACO, 2010). Le tableau ci-dessous renseigne sur les postes occupés par le personnel permanent de l'ICCN à la RFO :

Tableau 4 : Postes occupés par le personnel permanent de l'ICCN à la RFO

Poste occupé par le personnel permanent de la RFO	Nombre
Conservateur en chef	1
Officiers (chargé de la lutte anti braconnage)	4
Monitoring	2
Administration et justice	2
Unité de conservation communautaire	4
Collaborateur d'unité conservation communautaire	14
Lutte anti braconnage	60
Comptabilité et finance	1

Source : UICN/PACO (2010).

I.2.5.2. Mode de gestion de la RFO

En conservation communautaire, la RFO a opté pour une méthodologie appelé « conservation communautaire participative » qui est un système permettant d'associer et de faire participer les communautés locales dans la gestion de la réserve en vue de les faire bénéficier des retombés, fruit des activités de la conservation de la nature et susciter la collaboration.

Cette approche montre que la conservation des ressources naturelles est faite par, avec et pour l'homme. En moyen terme, elle préconise l'écotourisme et le partage des revenus touristiques. Puis l'autofinancement pour arriver à pérenniser les projets à réaliser.

I.2.5.3. Partenariat

Il existe de relations de partenariat entre l'ICCN et plusieurs partenaires de conservation de la nature qui ont signé un contrat avec le gouvernement pour appuyer les efforts de l'Institut. Les deux partenaires majeures qui appuient l'ICCN dans la RFO sont GIC (Gilman International Conservation) et WCS (World Conservation society).

Bien que l'ICCN soit l'autorité suprême de la RFO, il manque généralement de ressources pour y mener à bien les activités de conservation et garantir des moyens de subsistance. Ainsi, les deux partenaires précités de par leur contribution au bon fonctionnement de la RFO ont pu gagner le statut de gestionnaire de la RFO. Ainsi, il forme ensemble avec l'ICCN le comité de gestion de la RFO.

Dans ce travail, quand il sera fait référence à « la RFO » en tant qu'institution, RFO est une abréviation de ce comité de gestion.

I.3 : Démarches Méthodologiques

I.3.1. Méthode

La méthode à laquelle nous avons eu recours dans le cadre de cette étude est l'analyse dialectique à travers ses quatre lois. Son choix est justifié par un certain nombre de faits observés dans la gouvernance de la RFO sous une perspective relevant, soit de la connexion universelle, soit du développement, soit encore des paradoxes et du changement.

En effet, la gestion de la RFO implique la présence de quelques acteurs ayant des interactions et influences mutuelles. L'ICCN, le WSC, le GIC, voire le KFW constituent des acteurs qui collaborent non seulement entre eux, mais également avec les populations locales pour la réalisation de quelques activités orientées vers la protection de cet espace. Lesdites communautés ont une influence considérable sur la gestion de la réserve de par leur présence dans la RFO. Donc, dans la gouvernance de cette aire protégée, ne pas vouloir négocier avec cette population, constitue une entreprise vouée à l'échec.

Ainsi, depuis sa création jusqu'à ce jour, la RFO a connu une dynamique, en ce qui concerne sa gestion. A la création, elle fut gérée par un mode de gestion exclusif n'impliquant que l'ICCN et ses organismes partenaires. En 1996, après la promotion en 1992 de la gestion participative des ressources naturelles à l'issue du Sommet de Rio, la réserve a inauguré sa gestion participative dite COCOPA. Par ailleurs, en termes de protection, on est passé de la crainte de l'administration de la réserve à la violation manifeste de ses règlements. En dépit de l'existence des règles prohibant l'exploitation minière et le braconnage, les populations locales s'adonnent à ces activités à la RFO. C'est ainsi qu'on note la présence des foyers miniers, des braconniers,... dans ladite réserve.

Une diversité de paradoxes s'observe dans la gestion de cette aire protégée:

- l'Etat favorise le partenariat dans le but de gérer efficacement la RFO, toutefois, un sous encadrement s'observe en termes d'insuffisance des moyens logistiques et financiers pour permettre aux agents d'assumer leurs tâches avec efficacité et efficience ;
- la FARDC appuie les efforts de l'ICCN pour la protection de cette aire, cependant elle est également impliquée dans les pratiques destructrices de l'environnement (le braconnage et l'exploitation illicite des minerais par exemple) ;
- un fort engagement de WCS, KFW et GIC se constate dans les objectifs liés à la protection de cet espace, cependant sur le terrain, une faiblesse se manifeste en ce qui concerne la réalisation desdits objectifs ;
- une certaine connaissance de la part des populations locales en matière de dégradation de la biodiversité est observée, en même temps, on note une absence d'efforts orientés vers l'atténuation ou l'adaptation à la situation ;

- un souhait de collaboration se fait sentir entre les acteurs de gestion de cette réserve, mais dans le fait, des oppositions ou tensions règnent entre eux.

Par ailleurs, ces paradoxes ont eu à produire quelques aspects de changement dans la gouvernance de la RFO. Il s'agit entre autres: de l'encadrement et équipement des éco-gardes par le WCS; du zonage participatif de la réserve; de l'engagement des acteurs dans la relance des activités socio-économiques par l'installation des comités locaux de développement et de conservation (CLDC).

S'agissant des approches d'analyse, notre langage scientifique a été influencé par des aspects juridiques, sociologiques, anthropologiques, économiques et psychologiques.

I.3.2. Théories explicatives

Une série de théories ont été mobilisées pour tenter d'expliquer notre objet d'étude et ce, en fonction de l'un ou l'autre aspect du travail. En effet, pour expliquer l'émergence des conflits armés à la RFO, nous avons eu recours aux théories de frustration, de l'acteur stratégique et de l'Etat défaillant ou fragile. Le choix de la RFO par les belligérants des années 1996 et 2002 a été expliqué par la théorie de mobilisation des ressources.

I.3.3. Techniques de récolte des données

Deux techniques ont été utilisées pour la récolte des données : l'analyse documentaire et l'enquête.

L'analyse documentaire nous a permis de puiser les informations dans les ouvrages, les rapports des organismes nationaux et internationaux, les articles de revues, l'internet et les documents officiels en rapport avec notre objet d'étude. La qualité des sources documentaires a été assurée par l'utilisation de quatre critères d'évaluation des sources (qui, quoi, pourquoi et quand) et d'une bonne dose de jugement. De plus, nous nous sommes efforcés, dans la mesure du possible, de n'utiliser que les sources les plus récentes, disponibles au moment de la rédaction et écrites par des personnes ou des organisations reconnues pour leurs éthiques de travail.

L'enquête nous a permis de recueillir les informations spécifiques auprès de différents acteurs qui interviennent dans la gestion de la RFO. Cette enquête s'est déroulée en deux phases :

- la phase de pré-enquête (du 21 au 29 août 2014) dont l'objectif était de tester la fiabilité du guide d'entretien et de nous imprégner des conditions générales de la recherche ;
- la phase de l'enquête proprement dite qui était déroulée du 11 au 30 mai 2015. Pendant 19 jours, nous nous sommes entretenus avec les populations locales de la RFO ainsi que quelques cadres de l'ICCN et de ses organismes partenaires basés à la RFO.

L'enquête a été mené par nous-même. Généralement, c'est au bureau (en ce qui concerne les cadres des services) et à la maison (pour le cas des communautés locales) que nous nous sommes entretenu avec les enquêtés.

I.3.4. Techniques de traitement des données

Cette étude étant essentiellement descriptive et explicative, nous avions utilisé l'analyse de contenu pour comprendre et apprécier la fiabilité des données recueillies.

I.3.5. Technique d'échantillonnage

De prime abord, disons que notre population d'étude est constituée de tous les acteurs qui interviennent dans la gestion de la RFO. Quant à la technique d'échantillonnage, nous avons eu recours à l'échantillonnage à choix raisonné. Celui-ci nous a permis de définir un échantillon dont la taille est de 70 sujets issus de l'ICCN, de ses organismes partenaires et des populations locales. Les précisions sur les caractéristiques de cet échantillon sont présentées dans le tableau 5 ci-dessous :

Tableau 5 : Caractéristique de l'échantillon de population d'étude

Villages enquêtés	Nombre d'enquêtés	Sexe d'enquêtés		Statut d'enquêtés vis-à-vis de la RFO			
		F	M	Personnel de l'ICCN	Personnel d'organismes partenaires	Population autochtone	Population allochtone
Babukeli	10	4	6	0	0	10	0
Eboyo	20	6	14	2	10	6	2
Epulu	20	9	11	9	2	5	4
Mamompi	10	5	5	0	0	8	2
Salate	10	5	5	0	0	6	4
Total	70	29	41	11	12	32	15

De ce tableau, il se dégage que dans les villages Babukeli, Mamompi et Salate, nous avons enquêtés 10 sujets, alors que ceux d'Epulu et d'Eboyo nous avons enquêtés 20 sujets respectivement. Ceci se justifie par le fait que les villages d'Eboyo et d'Epulu regorgent une importante couche de population de la réserve de différente catégorie (agent de l'ICCN, des institutions partenaires et la population locale). Ainsi, nous avions voulu enquêté un bon nombre des personnes dans ces deux villages.

Outre le nombre d'enquêtés par village, le tableau illustre que notre échantillon est composé de 29 sujets de sexe féminin et 41 de sexe masculin. Cette dominance masculine serait due à la rareté des femmes au sein de l'ICCN ainsi que des organismes partenaires.

Enfin, le tableau révèle que l'échantillon est constitué de 11 agents de l'ICCN, 12 agents d'organismes partenaires, 32 membres de population autochtone, et de 15 sujet de population allochtone de la RFO. De cette répartition, il y a lieu de dire que les principaux acteurs impliqués à la gestion, conservation et exploitation des ressources de la RFO sont représentés dans cet échantillon. De ce fait, les opinions qui se dégagent de cette enquête ne sont pas celle d'une catégorie donnée des parties prenantes de la gestion de la RFO mais de toutes les parties prenantes.

I.3.6. Matériels d'enquête

Pour la réussite de notre enquête, plusieurs matériels ont été utilisé, notamment :

- Des guides d'entretien conçus pour l'entretien avec les enquêtés ;
- Un cahier de terrain pour la prise des notes ;
- Un GPS pour la prise des coordonnées géographiques et des photos ;
- Une montre pour déterminer le temps d'entretien d'un enquêté à un autre ;
- Un véhicule pour notre déplacement vers le milieu d'étude (de Kisangani à la RFO) ;
- Une moto pour notre déplacement à l'intérieur de la RFO.

Précisons que deux types de guide d'entretien étaient utilisés dans notre enquête. L'un était destiné à la population locale et l'autre aux agents et partenaires de l'ICCN. Ces guides d'entretien comportaient un certain nombre de questions communes et d'autre spécifiques. Les questions communes portaient sur :

- Les acteurs impliqués à la gestion de la RFO ;
- Attitude des enquêtes sur la gestion de la RFO ;
- La représentation des enquêtés de la RFO ;
- Les causes des conflits armés au sein de la RFO ;
- Les conséquences socioéconomiques desdits conflits armés ; et
- Suggestions pour une meilleure solution desdits conflits.

Par contre les questions spécifiques adressées à la population locale portaient sur la connaissance de la population locale des normes de la RFO et leur participation à la gestion de cette dernière.

La question spécifique adressée aux agents et partenaires de l'ICCN portait quant à elle sur les réalisations de leurs institutions respectives pour atténuer les menaces qui pèsent à la RFO.

Pour faciliter la compréhension de notre guide d'entretien destiné à la population locale pour les enquêtés qui ne parlaient pas la langue française, notre guide d'entretien bien que conçu en français a été traduit fidèlement en langue Swahili, lingala lors de sa manipulation.

I.3.6. Difficultés rencontrées

La présente recherche ne s'est pas déroulée sans heurts. Nous nous sommes butés à quelques difficultés le long de notre enquête. Nous citerons par exemple celles liées à l'insécurité dans la région d'Ituri en général, et dans la RFO en particulier. Nous n'avons pas mené nos enquêtes dans tous les villages que comprend la RFO. L'insécurité en Ituri, en particulier dans la RFO, est la raison principale qui nous a empêché avec une telle recherche d'aller enquêter dans les villages situés à cent lieues du siège administratif de la RFO et jugés beaucoup plus dangereux pour notre propre sécurité[3]. Néanmoins, grâce à la formation sur les attitudes que les chercheurs doivent adopter devant les difficultés du terrain, les sens de perspicacité, de subtilité, nous avons contourné cette difficulté en choisissant les villages regorgeant à eux seul un nombre élevés des différentes couches de population de la RFO.

---

[3] Nous citerons par exemple les villages Badengaindo et Nduyé que les autorités de la Réserve nous ont conseillé d'éviter.

CHAPITRE TROIS : ENJEUX ET ACTEURS DES CONFLITS ARMES A LA RFO

Ce chapitre aborde deux points essentiels à cette étude notamment l'identification des acteurs impliqués aux conflits armés à la RFO et les enjeux autour desdits conflits. L'identification des acteurs est une étape importante dans cette étude pour autant qu'elle nous permette de comprendre les pratiques et logiques des acteurs de la RFO ainsi que leurs perceptions sur la RFO.

II. 1 : Identification des acteurs de la RFO

Nous nous sommes attachés à recenser tous les acteurs qui ont joué un rôle (directement et indirectement) dans les conflits armés à la RFO. Cette présentation (qui n'est pas une typologie) d'acteurs sera faite à deux temps. Dans un premier temps, il sera question de présenter tous les acteurs indistinctement, c'est-à-dire, tous les acteurs qui interviennent dans le cadre de gestion et exploitation des ressources naturelles de la RFO. La deuxième présentation sera essentiellement celle des acteurs impliqués dans les conflits armés à la RFO. Il s'agit des acteurs qui, par leurs comportements et stratégies, ont poussé soit qu'il y ait conflits armés à la RFO, soit que ces conflits cessent à la RFO.

II.1.1. Acteurs de la conservation et exploitation des ressources de la RFO.

La première catégorie d'acteurs, c'est les populations locales qui sont établies dans les villages périphériques et locales de la RFO et qui ont comme principale activité l'agriculture, la pêche et la chasse et qui sont, majoritairement d'ethnies Ndaka, Mbo, Bila, Cese et Mamvu.

Par commodité, nous distinguons les exploitants miniers, les braconniers, les autorités locales des autres populations locales pour mieux les identifier même si au demeurant ils appartiennent tous (dans notre schéma) dans la catégorie population. Les orpailleurs, pratiquent clandestinement l'exploitation minière de manière artisanale dans la RFO. Cette activité exigeant la mobilisation de plusieurs ressources (matérielle, financière et humaine) n'est pratiquée que par quelques rares personnes : dans la plus part de cas, des jeunes gens. Les braconniers quant à eux se donnent à la chasse aux défis de toutes les lois qui la règlementent à la RFO. Bien qu'elle ne soit réservée qu'aux Mbuti et Efe, la chasse est également pratiquée par les ressortissants bantous. Elle se pratique même dans la zone intégrale de la réserve. Il existe aussi des autorités traditionnelles qui se démarquent de cette catégorie d'acteurs. Leur rôle consiste à gérer les villages et la population, et veiller à la paix dans les villages. La gestion coutumière des forêts et de tous les problèmes y relatifs relève aussi de leur compétence. Elles représentent les organes de décisions et servent de relais entre les populations et l'État. Il sied de noter que cette gestion coutumière se heurte encore à plusieurs contraintes dans son fonctionnement avec le droit moderne ou officiel dans un même espace contenant des ressources.

L'ICCN et ses partenaires de conservation cités dans le chapitre précédent constituent une autre catégorie d'acteurs dans la dynamique de conservation de la nature à la RFO. Elles exercent par moment une pression sur la population, en vue de l'amener non seulement à exploiter durablement les ressources de la réserve, mais aussi à observer les exigences sociales face au statut de la RFO. C'est le cas par exemple de l'interdiction de l'orpaillage au sein de la RFO qui est devenue une préoccupation majeur de l'ICCN et ses partenaires.

L'influence des acteurs politiques n'est pas à négliger dans cette dynamique de conservation de la nature à la RFO. Il s'agit notamment, sur le plan national du Ministre de l'Environnement, Conservation de la Nature et Tourisme et des députés nationaux élus de Mambasa, Wamba et Nia-Nia. Sur le plan provincial, nous pouvons signaler l'implication du Gouvernorat et des députés provinciaux. L'intérêt qu'attachent les acteurs politiques à la conservation de la RFO complexifie davantage la réserve. Ils n'agissent pas directement sur les ressources, mais leurs jeux de pouvoir modifient et structurent aussi sensiblement la réserve sur laquelle les acteurs développent leurs stratégies en vue de réaliser leurs différents objectifs. Pour garantir un bon suivi dans l'interdiction de l'orpaillage au sein de la RFO, une commission de suivi a été créée. Elle est composée des éco-gardes et des militaires de la FARDC.

La RFO étant une aire forestière importante sert aussi de site pour la recherche scientifique. Les chercheurs sont considérés aussi comme des acteurs agissant sur cette aire. Il s'agit essentiellement des chercheurs venant de différentes institutions intéressées par la recherche forestière (Université de Kisangani, les ONG nationales et Internationales de conservation,…). Plusieurs types de recherche sont exécutés sur cette aire. Il y a notamment le monitoring sur les espèces floristiques et fauniques et celles des sciences sociales qui s'intéressent essentiellement aux communautés riveraines et locales, et leurs rapports aux ressources dans la réserve.

L'Etat est un acteur principal par son rôle régalien de garant de la nation, il légifère les normes et détermine les conditions de conservation de la nature dans le pays. Bien qu'il soit le garant de la nation, l'Etat n'est pas à mesure de bien gérer ce secteur au regard de sa complexité due non seulement à la superposition des normes mais aussi à l'articulation des plusieurs acteurs (surtout politiques) intéressés par les ressources naturelle du pays. C'est l'Etat qui octroie les concessions minières, voire forestières autour de la RFO et prélève différentes taxes. Certaines de ces concessions empiètent même la réserve comme nous allons le voir dans le chapitre sur les conséquences des conflits armés à la RFO. Bien qu'il soit un acteur de premier ordre, l'Etat accuse cependant plusieurs insuffisances dans l'appui de l'ICCN pour la RFO. Il ne dote pas jusqu'à présent l'ICCN des moyens conséquents pour conserver cette espace forestier. Pour l'accomplissement de sa mission à la RFO, l'ICCN est totalement dépendant de ses partenaires de conservation qui financent à 90% son budget de fonctionnement à la RFO (Lucien Lockumu, communication personnelle).

De ce qui précède, il ressort que la RFO agrège une multitude d'acteurs aux intérêts, objectifs et pratiques différents qu'il convient de déterminer en vue d'établir lesquels de ces acteurs posent les actions destructives et/ou positives pour la RFO. Ce qui contribuera grandement à la recherche de solutions pour une gestion concertée de cette aire.

II.1.1.1. Pratiques et logiques des acteurs sur la réserve

A travers ce point, nous examinons la relation qui existe entre les pratiques des acteurs et les règles (loi coutumière et moderne).

Dans l'ensemble, la population locale agit sur la réserve par différents usages (nourriture, médicaments, artisanat, ...) des ressources forestières dont elle dépend pour sa survie. Toutefois, les pratiques des exploitants miniers et des braconniers sont déterminées par leurs objectifs mercantiles. Pour eux, l'intérêt est d'extraire les minerais ou de chasser le gibier et de le commercialiser. Or l'exploitation minière tout comme le braconnage au sein de la réserve est prohibée. Pour échapper au contrôle des éco-gardes et affaiblir la RFO, les exploitants miniers ainsi que les braconniers usent de plusieurs stratégies. Ils entretiennent des relations avec les acteurs susceptibles d'exercer une pression sur eux, en l'occurrence les éco-gardes (Nasibu, 2012). Ces derniers les livrent le secret de patrouille qui les permettent de se délocaliser et échapper au contrôle de la RFO. Dans leurs villages respectifs, ils instiguent les autres membres de population locale à bouder le classement de la RFO. Profitant de la faillite de l'Etat, ils entretiennent l'insécurité dans certains coins de la réserve, créant ainsi les zones d'incertitude dans lesquelles ils imposent leurs propres lois et accroissent leurs pouvoirs sur les autres acteurs. Par ces stratégies, ils ont réussi à développer l'aversion de la RFO dans les cœurs des autres membres de la communauté locale et ont rendu davantage la gestion de la réserve plus complexe.

De leur côté les élus des territoires de Mambasa, Nia-Nia et Wamba adoptent deux attitudes opposées : d'un côté, ils cherchent à s'approprier les revendications de la population et garder ainsi une emprise sur elle et utiliser les bénéfices tirés de la contestation de la RFO à des fins électoralistes voire personnelles. Cette pratique est beaucoup plus visible, particulièrement en cette période où le pays se prépare aux échéances électorales. De l'autre les mêmes élus tissent des alliances avec les ONG de conservation pour solliciter leur soutien politique, voire financier alors qu'aux yeux de la population, ils apparaissent comme des défenseurs de leurs droits. Stratégiquement, ils tentent d'instrumentaliser cette population en la dressant contre les ONG de conservation, dès lors que ceux-ci ne répondent plus à leurs demandes.

L'Etat à travers l'ICCN et ses partenaires exerce sur les exploitants miniers et les braconniers des pressions diverses, allant à leur incarcération, à l'observation scrupuleuse de bonnes pratiques exigées par une exploitation durable des forêts. Il convient alors de noter ici la faiblesse affichée par l'Etat aux exploitants miniers et braconniers, même si aux yeux de la population, il se montre rigide face à ces derniers, l'enquête a révélé que plus souvent, les exploitants miniers et les braconniers arrêtés par l'ICCN et déférer aux tribunaux étatiques sont souvent libérer. Il en est par exemple de Sadala Alliance Morgan qui fut arrêté par l'ICCN en octobre 2009 et libérer sous prétexte que la sensibilisation qu'il a bénéficié et les promesses qu'il a tenu de cesser le braconnage suffisaient à le relâcher. Cependant, vu ce qu'il a pu causer comme dégât à la RFO trois ans après sa libération, on est forcé d'admettre que l'Etat Congolais a commis l'erreur de le relâcher.

Dans l'analyse de ces pratiques, nous nous retrouvons dans une situation où différentes logiques des acteurs s'affrontent et créent ainsi plusieurs zones d'incertitudes au regard de la faiblesse dans l'application de deux catégories de normes qui coexistent ; à savoir la loi coutumière et la loi officielle ou moderne. Les entretiens que nous avons conduits sur terrain nous ont montré qu'il existe une inadéquation assez notable entre les pratiques des acteurs et les normes qui gouvernent la RFO en matière de conservation de la nature. L'analyse et l'observation des pratiques des acteurs nous ont permis de caractériser les pratiques qui sont productrices et celles qui sont destructrices pour la réserve.

A travers le figure 2 ci-dessous, nous reprenons indistinctement les différents acteurs qui agissent sur la réserve. Si pour les uns, les agissements sont facilement classifiables parmi les agissements constructifs et/ou destructifs pour la conservation de la RFO, pour les autres cependant, nous trouvons des peines à les classifier, d'où le concept « ambivalent » pour catégoriser les agissements jugés doutés pour la conservation de la nature à la RFO.

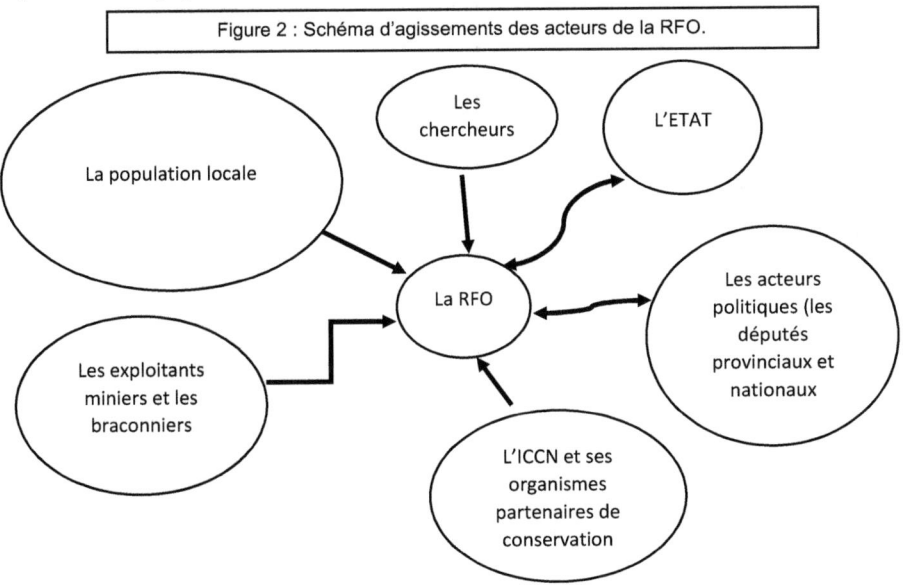

Figure 2 : Schéma d'agissements des acteurs de la RFO.

Légende

→ : Agissements constructifs pour la conservation de la nature à la RFO.
→ : Agissements destructifs pour la conservation de la nature à la RFO.
↔ : Agissements ambivalents pour la conservation de la nature à la RFO.

II.1.1.2. Représentations sociales de la réserve par les acteurs

La compréhension de différentes perceptions qu'ont les peuples sur l'environnement, souligne Kasisi (2012), peut permettre d'accroître la compréhension des bases rationnelles des attitudes issues de ces perceptions. Ainsi, chaque individu ou groupe a sa propre façon de reconstituer le réel auquel il est quotidiennement confronté (Diop *et al.* 2012). Cet état des choses conduit à une représentation sociale diversifiée d'un même objet. Le classement de la RFO est perçu différemment par les acteurs impliqués directement ou indirectement dans sa gestion comme nos enquêtes nous ont révélées. Au regard des entretiens conduits sur le terrain, nous avons retenu les thèmes repris dans le tableau 6 ci-dessous, et les occurrences y relatives.

Tableau n°6. Les représentations sociales de la RFO par les acteurs

Thèmes retenus	Fréquence du thème
RFO comme milieu représentant la vie	36
RFO comme un milieu contenant des valeurs à conserver	23
RFO comme milieu contenant les ressources précieuses	14
RFO comme un enjeu politique	13

Les représentations sociales des acteurs sur la RFO diffèrent selon l'importance qu'ils accordent aux ressources qu'il contient. Les enjeux liés aux forêts sont plus importants chez les membres de la population locale que chez d'autres acteurs. Trente-six enquêtés sur quarante-sept tirés de la population locale ont déclaré que cette aire protégée en représente « toute leur vie ». C'est dans la RFO, et de l'exploitation de ses ressources, reconnaissent-ils, qu'ils prélèvent l'essentiel de leurs ressources alimentaires et commerciales. Pour l'ICCN et ses partenaires de conservation, la RFO représente un milieu contenant des valeurs écologiques importantes qu'il faut à tout prix conserver et dont il faut préserver des pratiques non durables d'exploitation des ressources naturelles. Cette même réserve représente pour les acteurs politiques, particulièrement les élus de Mambasa, Nia-Nia et Wamba un enjeu politique réel. C'est ce qui justifie l'intérêt qu'ils manifestent envers ce patrimoine mondial de l'humanité. Tandis que pour les exploitants miniers, ce même patrimoine mondial de l'humanité représente un réservoir des ressources financières qu'il faut exploiter en vue d'accumuler les capitaux. Cette divergence de perceptions de la réserve par les différents acteurs est l'une des raisons de la résurgence des conflits armés des années 2010 et 2014 à la RFO.

L'identification des acteurs impliqués à la conservation et exploitation des ressources de la RFO ayant été fait, leurs perceptions étant découvertes, nous passons maintenant au recensement des acteurs impliqués directement ou indirectement aux conflits armés ayant sévi la RFO de 1996 à 2014. Toutefois, il parait important de fixer l'opinion sur un fait. Le recensement des acteurs impliqués aux conflits armés à la RFO réalisé dans ce travail ne prétend pas être exhaustive y égard aux retentissements des enquêtés d'aborder ce sujet sensible.

II.1.2. Les acteurs impliqués aux conflits armés à la RFO

La chronologie des conflits armés au sein de la RFO montre que de 1996 à 2014, il y a enchevêtrement des acteurs dans lesdits conflits. Les acteurs sont multiples et ne sont pas réductibles aux oppositions entre la force gouvernementale et les rebelles. De nouveaux acteurs sont présents avec une démultiplication et une permanente recomposition-décomposition des acteurs de la violence. On y identifie les acteurs publics et les acteurs privés, les acteurs visibles et les acteurs invisibles, les acteurs directement impliqués et les acteurs indirectement impliqués. Le tableau 7 ci-dessous présente les principaux acteurs impliqués dans les conflits armés à la RFO depuis 1996 à 2014 tels que recenser par les enquêtes :

Tableau 7 : Acteurs impliqués aux conflits armés à la RFO de 1996 à 2014

Types d'acteurs	Périodes des conflits armés			
	1997-1998	1999-2000	2001-2002	2010-2014
Acteurs publics	FAZ, IZCN, UNESCO, Forces armées rwandaises, Forces armées ougandaises.	FARDC, ICCN, MONUC, UNESCO, Forces armées rwandaises, Forces armées ougandaises.	FARDC, ICCN, MONUC, UNESCO, Forces armées rwandaises, Forces armées ougandaises.	FARDC, ICCN, MONUSCO, UNESCO.
Acteurs privés	AFDL, WCS, GIC, CIDOPY, Milice Maï-maï, Population locale.	WCS, GIC, CIDOPY, Milice Maï-maï, Population locale.	MLC, RCD/KML, WCS, GIC, CIDOPY, Milice Maï-maï, Population locale.	WCS, GIC, CIDOPY, Milice Maï-maï, Milice Simba, Population locale.
Acteurs visibles	FAZ, IZCN, UNESCO, AFDL, WCS, GIC, CIDOPY, Forces armées rwandaises, Forces armées ougandaises. Milice Maï-maï.	FARDC, ICCN, UNESCO, AFDL, WCS, GIC, CIDOPY, MONUC, Forces armées rwandaises, Forces armées ougandaises. Milice Maï-maï	FARDC, ICCN, MLC, RCD/KML, UNESCO, AFDL, WCS, GIC, CIDOPY, MONUC, Forces armées rwandaises, Forces armées ougandaises. Milice Maï-maï.	FARDC, ICCN, UNESCO, AFDL, WCS, GIC, CIDOPY, MONUC, Milice Simba, Population locale
Acteurs invisibles	Exploitant miniers et braconniers	Exploitant miniers et braconniers	Exploitant miniers et braconniers	Exploitant miniers de la RFO, autorités de la police nationale, Milice Maï-maï
Acteurs directement impliqués	FAZ, IZCN, UNESCO, AFDL, WCS, GIC, CIDOPY, Forces armées rwandaises, Forces armées ougandaises. Milice Maï-maï.	FARDC, ICCN, UNESCO, AFDL, WCS, GIC, CIDOPY, MONUC, Forces armées rwandaises, Forces armées ougandaises. Milice Maï-maï, Population locale	FARDC, ICCN, MLC, RCD/KML, UNESCO, AFDL, WCS, GIC, CIDOPY, MONUC, Forces armées rwandaises, Forces armées ougandaises. Milice Maï-maï.	FARDC, ICCN, UNESCO, AFDL, WCS, GIC, CIDOPY, MONUC, Milice Simba, Population locale
Acteurs indirectement impliqués	Outsiders, Population locale	Outsiders, Population locale	Outsiders, Population locale, Forces armées rwandaises, Forces armées ougandaises	Exploitants miniers de la RFO, autorités de la police nationale, milice Maï-maï

L'analyse de ce tableau révèle deux choses : Premièrement que la majorité d'acteurs impliqués aux conflits armés à la RFO ne sont pas ceux cités comme acteurs de gestion ou d'exploitation des ressources de la réserve. Ceci s'explique par le fait que les guerres à la RFO n'ont pas toujours été causées à la suite des conflits entre acteurs de gestion et d'exploitation des ressources naturelle de la réserve. Plus d'un conflit armé étaient venu de l'extérieur de la

RFO. Il s'agit par exemple des guerres de rebellions des années 1996 et 2002 qui sont venu de l'extérieur de la RFO et dont les principaux acteurs étaient autres que les acteurs de gestion et d'exploitation des ressources de la RFO. Deuxièmement que les acteurs impliqués aux conflits armés à la RFO sont regroupés une autre catégorie d'acteurs notamment acteurs visibles, acteurs invisibles, acteurs publics, acteurs privés, acteurs directement impliqués, acteurs indirectement impliqués. Ceci s'explique par le souci de différencier les personnes ayant pris part dans ces conflits suivant leurs statuts et visibilités auprès du public. Car, comme le révèle l'enquête, les outsiders (acteurs invisibles) dans les conflits armés à la RFO sont aussi nombreux que les acteurs visibles. Les particuliers (personnes physiques et morales) sont également aussi nombreux que les personnes publiques. Par ailleurs, le mixage entre ces catégories est possible pour la formation des catégories mixtes, notamment les catégories des acteurs visibles directement impliqués, des acteurs public directement impliqués, …

Comme acteurs visibles impliqués directement, on compte successivement, de 1996 à 2014, la Force armée zaïroise (FAZ), l'Alliance de force démocratique de libération (AFDL), les Forces armées de la République Démocratique du Congo (FARDC), le Mouvement nationale congolais de Jean-Pierre BEMBA (MLC), Rassemblement Congolais pour la Démocratie/Kisangani Mouvement de libération de MBUSA NYAMWISI (RCD/KML), les Forces armées rwandaises et ougandaises, les Groupes milices Maï-maï et Simba. Ces acteurs publics et privés ont été les principaux belligérants de l'un ou l'autre conflit armé vécu à la RFO.

Le premier conflit armé connu par la RFO en 1996 opposé principalement la Force Armée Zaïroise avec l'Alliance de force démocratique de libération et alliés (Groupe milice Maï-maï, les forces armées rwandaises et ougandaises). Le deuxième conflit armé de 1998 opposé les Forces armées de la RDC aux forces armées ougandaises et rwandaises. Le troisième conflit armé de 2002 opposé les troupes armes du Mouvement nationale congolais de Jean-Pierre BEMBA et celles du Rassemblement Congolais pour la Démocratie/Mouvement de libération de MBUSA NYAMWISI (Aveling et Hart, 2006). Le quatrième conflit armé opposé les milices Simba et les gardes de la RFO coalisés avec les Forces armées de la RDC.

L'ICCN, l'UNESCO, la MONUSCO, le WCS, le GIC, le CIDOPY ainsi que la population locale sont à compter parmi les acteurs directement impliqués dans ces différents conflits pour autant que les résolutions desdits conflits ont nécessité leurs interventions et sensibilisations respectives.

II. 2 : Enjeux des conflits armés à la RFO

D'entrée de jeu, notons que la différenciation des enjeux des conflits armés à la RFO s'impose. Les enjeux des conflits armés de 1996 à 2002 sont distincts de ceux de 2010 à 2014. Les conflits armés de 1996 à 2002 à la RFO, marqués par les rebellions d'AFDL, MLC, RCD/KML et APC en RDC ont comme enjeux principal la conquête du pouvoir politique de Kinshasa. En revanche, les conflits armés de 2010 et 2014, marqués par les hostilités ouverts par le groupe milice Simba, ont comme enjeux fondamental « la restriction de la RFO aux anciennes limites de la SEO ».

Bien que les guerres de 1996 à 2002 n'avaient pas pour but de sévir la RFO des hostilités mais plutôt de renverser le pouvoir politique de Kinshasa, trois facteurs fondamentaux inter-reliés les uns aux autres ont vraisemblablement contribué à transplanter ces conflits à la RFO : le positionnement géographique de la RFO, ses richesses naturelles et son aérodrome.

II.2.1. Positionnement géographique de la RFO

La RFO à l'instar de la plupart des aires protégées de la RDC inscrites sur la liste de patrimoine mondial de l'humanité, le Parc National de Virunga, le Parc National de Garamba, le Parc National de Kahunzi-Biega, est situé littéralement à l'est de la RDC, aire de prédilection des assaillants congolais. Sans prétention d'aborder tous les facteurs ayant conduit aux conflits de 1996, disions que les antécédents de ces conflits remontent dans les années 60 où les autochtones congolais et les Banyarwanda, voire les Banyarwanda entre eux (Hutus et Tutsi) se sont livrés aux conflits sanglants. Ces conflits que N'Dimina-Mougala (2012) qualifie des conflits identitaires ont causé beaucoup de morts. Se produisant à Masisi au départ, ces affrontements devinrent de plus en plus nombreux dans les territoires et cités de l'est de la RDC. Ils s'aggravèrent dans les années 1979 et atteignirent leur apogée au début des années 1990 à la suite du déferlement sur le Kivu de plus de 800000 réfugiés rwandais fuyant le génocide des tutsis et des hutus modérés (Documentation française, 2004).

En effet, le déferlement des réfugiés rwandais à la RDC alors Zaïre ne fit qu'exacerber la situation conflictuelle de l'est du pays. Ces réfugiés composés principalement des tutsis étaient infiltrés par des membres des anciennes forces armées rwandaises et des interahamwe, anciens génocidaires hutus. Ces deux groupes ont commencé à organiser des raids contre le Rwanda à partir du Zaïre. De plus, ils se sont mêlé des conflits identitaires congolais et les attisèrent davantage (Mathieu et al, 1999).

En octobre 1994, les affrontements entre les autochtones congolais et les Banyarwanda reprirent de plus belle dans le Masisi. En parallèle, Joseph Mobutu, alors Président du Zaïre, s'est vu désavoué de plus en plus par ses voisins, notamment le Rwanda, l'Ouganda et Burundi qui le reprochaient de pactiser avec les unités armés hostiles à leurs gouvernements. Ces pays formèrent une coalition anti-Mobutu soutenant et supervisant les différents groupes rebelles et miliciens du Zaïre. C'est dans ce contexte même qu'est né l'AFDL, le mouvement rebelle ayant rassemblé toutes les forces rebelles hostiles à Mobutu et qui ouvra en octobre 1996 à l'est du pays des hostilités contre son régime.

Bien que l'AFDL soutenu par le Rwanda, l'Ouganda et le Burundi ait réussi à renverser Mobutu en 1997 et porter au pouvoir Laurent Désiré Kabila, la guerre ne cessa pas pour autant. Au contraire, le mois d'août 1998 marqua la résurgence des violents conflits à la RDC en raison de la rupture entre Kabila et ses alliés. Le Rwanda, l'Ouganda et à moindre mesure le Burundi apportèrent de nouveau leur soutien aux mouvements rebelles congolais. Cette fois ci dans le but d'écarter Kabila du pouvoir pour les avoir déçu. Parmi ces mouvements rebelles, on note entre autres le RCD/Goma, le RCD/KML, le MLC et l'APC. Ces mouvements rebelles ont ouvert des hostilités à l'est de la RDC et réussirent par ailleurs à occuper la partie orientale du pays. Située dans cette aire de prédilection des assaillants congolais, la RFO n'a pu échapper aux conquêtes de ces derniers des territoires congolais. Au contraire, elle fut la ligne de front entre les parties belligérantes.

II.2.2. Les richesses naturelles de la RFO

De prime abord, il sied de signaler que toutes les guerres ayant sévi la RDC de 1996 à 2002 ont fini à toucher la RFO. Outre le positionnement géographique de la RFO, la quête des ressources naturelles richement contenues dans cette aire protégée y est aussi pour quelque chose. Mambasa et en particulier la RFO est très riche en minéraux, variant des diamants, cassitérite, coltan, wolframite et surtout l'or, tous des richesses réputées avoir été pillées par les assaillants dans leurs course au pouvoir en 1996 et 2002.

Pour se convaincre que les ressources susmentionnées richement contenues dans la RFO expliquent également l'intérêt des belligérants de conquérir ce patrimoine mondial de l'humanité, il suffit entre autre d'établir une corrélation entre la période qui a vue prospérer l'exploitation minière illicite à la RFO et les conflits de 1996 à 2002. On remarque que c'est entre 1996 et 2002 que l'exploitation minière illicite s'est propagé et prospéré jusqu'à l'intérieur de la RFO. Cette exploitation était principalement consacrée dans la partie ouest de la réserve au sud-ouest du village de Bafwambaya sur l'axe Niania-Wamba. D'autres exploitations étaient effectuées au sud du village de Badengaido sur l'axe Mambasa-Niania. Toutes ces zones étaient pendant les conflits de 1996 et 2002 sous l'occupation rebelles. En entendre les autorités de la RFO lors de l'enquête, l'exploitation minière au sein de la RFO pendant les conflits se faisait sous la bénédiction des assaillants. Ces derniers soutenaient l'exploitation minière dans l'objectif de chercher les moyens financier pour leurs activités. Dans le même ordre d'idée, le Groupe d'Experts des Nations Unies sur l'exploitation illégale des ressources naturelles et autres richesses de la RDC (1999) et l'Institute for Environmental Security (2008) mentionnent que dans l'Est de la RDC, les groupes rebelles ont investie en toute illégalité les aires protégées afin d'extraire du sol les précieuses ressources minérales telles que le coltan, la cassérite et l'or. Ces ressources les ont permis de financer les conflits en cours dans la région ».

En dehors des ressources minières, les ressources fauniques à l'occurrence les défenses d'éléphants et de rhinocéros ont été également exploitées. Suivant les avis de nos enquêtés, toutes les forces rebelles se sont adonnées au braconnage et surtout d'éléphants et de rhinocéros pour leurs défenses. Après avoir conquis la RFO en décembre 1996, on rapporte que l'AFDL et alliés pillèrent tous les défenses d'éléphants et de rhinocéros noirs confisqués auprès des braconniers et emmagasinés dans les locaux de la réserve. Ces défenses auraient été vendues pour soutenir l'effort des guerres de l'AFDL et alliés. A la suite de McConnell (2013), ouvrons ici une parenthèse pour faire observer que sur le marché noir, l'éléphant et le rhinocéros ont une valeur particulièrement élevée pour leurs défenses. Les défenses d'éléphants valent 2.200$ le kilo et celles de rhinocéros atteignent même 66.000$. Ce qui, à quantité équivalente, vaut plus que la cocaïne et l'or.
Emboitant le pas de l'AFDL, le MLC et le RCD/KML poussèrent au paroxysme le braconnage d'éléphants. L'avenir de cette espèce était particulièrement

critique en cette période des conflits armés. Des informations des hommes d'affaires, commerçants d'ivoire et journalistes indiquaient que l'ivoire provenant des éléphants de la RFO était transportée vers Ouganda et la République Centre Africaine. Le braconnage d'éléphants était particulièrement sévère dans la partie Nord de la RFO. Pendant les périodes d'envahissement de la RFO par le MLC et le RCD/KML, la perte d'éléphants était de 3151, de 6439 à 3288. Il est estimé que 23 tonnes d'ivoires ont été trafiquées à la RFO en cette période (Beyers et al, 2003).

A l'époque des conflits, faisons également observer que la chasse des animaux sauvages à la RFO autorisée qu'aux pygmées avant les conflits était devenue une activité ouverte pour toute la population, bantoue y compris. Les populations bantoues chassaient sous la bénédiction des forces belligérantes et les autorités du secteur et du groupement. C'est pourquoi, à la fin des conflits armés, les défenseurs de la libération de la chasse à toutes les populations de la réserve digèrent mal le retour à l'ordre public et militent, comme nous allons le voir dans les pages suivantes, l'autorisation pour toutes les populations de la réserve à chasser le gibier.

II.2.3. L'aérodrome de la RFO

Parmi les éléments ayant poussé les assaillant à conquérir la RFO, nous comptons également l'aérodrome de la RFO. Long de sept-cent mètre, l'aérodrome de la RFO a constitué une infrastructure d'une importance capitale pour les belligérants. Sur sa piste pouvait atterrir des aéronefs des belligérants. Ces aéronefs transportaient aussi bien les belligérants que leurs armements. Ils permettaient également d'évacuer les butins des guerres constitués majoritairement des ressources pillées dans la réserve. A ce sujet, soulignons que certains enquêtés ayant vécu les conflits des années 1996 et 2002 témoignent qu'à l'époque de ces conflits, ils ont parfois vu certains jours atterrir et décoller à la RFO des dizaines d'hélicoptères et aéronefs. La plupart de ces aéronefs, à entendre parler les autorités de la RFO lors de mes enquêtes, déployés les militaires et servis à évacuer les ressources pillées dans la réserve.

Notons que le contrôle aisé de Mambasa et de Nia-Nia, deux territoires riches en ressources naturelles, passait par le contrôle des aérodromes présents dans le rayon de Mambasa et Nia-Nia. L'aérodrome de la RFO situé au milieu de ce rayon était indispensable pour toute force belligérante soucieuse de conquérir ces deux territoires. A titre d'exemple, le MLC pour réussir à conquérir le territoire de Mambasa et de Nia-Nia après avoir réussi à conquérir celui de Wamba a visé premièrement l'aérodrome de la RFO. Ne maitrisant pas les chantiers menant vers cet aérodrome à partir de Wamba, le MLC sollicita le service de Mamadou Ndala alors braconnier de la RFO. Ce dernier escorta ses militaires jusqu'à la partie nord de l'aérodrome. Pour avoir réussi à escorter les militaires du MLC à cet aérodrome et les permis d'attaquer par surprise les forces gouvernementales stationnées à Epulu, Mamadou Ndala fut recruté au MLC et promu au grade de colonel dans l'armé de Mbemba. Grade qu'il a su bien conserver jusqu'à son assassinat comme officier de l'armés congolaise.

La guerre MLC et RCD/KML et/ou au mieux la guerre entre Ouganda et le Rwanda au cœur de la RFO semble avoir comme soubassement le contrôle de l'aérodrome de la RFO. A partir de cet aérodrome, il était possible de déployer les militaires aussi bien à Mambasa qu'à Nia-Nia.

Si le positionnement géographique de la RFO, les ressources naturelles richement contenu dans cette réserve et son aérodrome sont les trois facteurs à la base de la transplantation des conflits armés de 1996 et 2002 à la RFO, la résurgence des conflits armés à la RFO en 2010 est principalement due aux tensions opposant les acteurs institutionnels et la population locale. Le tableau 3 ci-dessous présente les différents éléments liés à l'analyse de ces tensions.

Tableau 8. Analyse des tensions entre la RFO (ICCN, WCS et GIC) et la population locale.

Acteurs	Objet	Causes	Période	Nature des Tensions	Conséquences	Dimension des tensions	Modes de résolution
ICCN, WCS, GIC, Population locale	La RFO	La restriction d'accès à certaines ressources ; Problématique des limites de la RFO ; Faible intégration des élites intellectuelles au sein des structures de la RFO.	A partir de 2010 (toutefois le contentieux date de 1992)	La nature est Manifeste (restriction d'accès aux ressources et revendications des populations locales	1) Représentation sociale défavorable de la RFO (ICCN, WCS et GIC) par les populations locales ; 2) Violations des normes de la RFO. 3) Formation des milices de résistance à la réserve	La dimension est nationale. Les conflits armés à la RFO ont préoccupés les autorités tant nationales que locales. Ils ont fait la une des journaux congolais.	Promesses de réalisation de quelques ouvrages ; Non reconnaissance des revendications des élites intellectuelles ; Négociation ; Intégration de quelques autochtones au sein de l'ICCN.

L'analyse de ces tensions, telle qu'elle est faite dans le tableau 3 montre que les tensions opposent les acteurs suivants : l'ICCN, le WCS, le GIC et la population locale. Les principales causes y afférentes sont entre autres, la problématique des limites de la réserve, la restriction de l'accès aux ressources de la réserve et la faible intégration des élites intellectuelles des populations locales au sein des structures de la RFO. En effet, la restriction d'accès aux ressources de la réserve par l'ICCN et ses partenaires (WCS, GIC et KFW) est interprétée négativement par les communautés locales qui pensent que leur terroir serait vendu aux étrangers, plus précisément aux occidentaux sans qu'elles soient consultées au préalable et ce au profit de seuls personnel de l'ICCN, WCS et GIC.

Un autre axe que prennent les revendications des communautés locales est l'intégration des membres des communautés locales au sein de l'ICCN, WCS et autres structures œuvrant dans le milieu ainsi que les limites de la RFO. En effet, les élites intellectuelles locales dénoncent leur faible représentation au sein de WCS et GIC dont les activités sont exercées dans leur terroir depuis bien des décennies. Par ailleurs, ils estiment que la superficie de la RFO serait trop grande pour la seule protection de l'Okapi.

Une analyse profonde des avis des membres de la population locale et des autorités de la RFO enquêtés, fait ressortir que l'intérêt divergeant des acteurs, précisément celui de l'Etat Congolais, créateur de la RFO, et de la population locale, est au centre du problème ayant conduit à la résurgence des conflits armés à la RFO. Pour l'Etat Congolais, il s'agit de préserver les ressources du patrimoine national et de mener, sous la pression de la mouvance écologique qui émerge dans la plupart des pays tropicaux, une politique de conservation du patrimoine naturel. L'Etat Congolais se doit aussi de préserver le potentiel touristique dont la valorisation alimente un secteur non négligeable de l'économie. En revanche pour la population locale, la survie dans les villages passe par une exploitation continue des ressources naturelles jugées vitales telles que le bois, le gibier, les feuilles ou les divers produits de cueillette qui sont nécessaires aux satisfactions des besoins essentiels. Ainsi, toute politique de restriction d'accès à ces ressources est mal accueillie par cette population.

Exposons à ce sujet l'avis de l'enquêté Y[4] qui a dit, nous citons : « L'établissement de la RFO au-delà des limites de la SEO a eu lieu à une

---
[4] Que nous taisons le nom pour des raisons de confidentialité que nous l'avions promis.

époque où la densité de population était faible et où les conditions pluviométriques étaient satisfaisantes. La production agricole était alors suffisante pour couvrir les besoins alimentaires des populations locales. Mais le classement s'est réalisé aux dépens des jachères forestières des terroirs des villages riverains. Les systèmes de culture ont été perturbés et la durée des jachères, mode essentiel de restitution de la fertilité des terres dans la région, s'en est trouvée réduite. Cette dégradation des conditions de production pousse la population à revendiquer des terres dans l'espace classé. La récupération du « patrimoine ancestral » constitue un enjeu essentiel pour les populations autochtones qui ne cessent de harceler les chefs de village, à qui il est violemment reproché d'avoir pactisé avec l'administration sans réellement consulter les villageois. Avec l'augmentation de la pression démographique, des migrations, de l'accroissement de l'exploitation de l'or, la pression sur la RFO ne cessera d'accroître ».

Hormis cette divergence d'intérêt, la différenciation socioéconomique, plus particulièrement la pauvreté de la population locale explique également la résurgence des conflits armés des années 2010 à la RFO en ce sens que les efforts de conservation, comme le note Ashok (2009), requièrent généralement des changements de comportement ou causent la perte des maisons, de la terre et des moyens d'existence. Et, C'est pratiquement normal que cela aboutisse à des conflits violents lorsqu'après avoir privé les populations locales de leurs vies et des ressources dont ils dépendent pour survivre, l'on n'arrive pas à les fournir des substituts adéquats pour les remplacer. Elles seront forcées à prendre des armes si la nécessité les oblige.

Dans le cas de la RFO, l'axiome répond parfaitement si l'on en croit à la déclaration de l'enquêté précité. Selon cet enquêté, les autorités politiques pour faire accepter la RFO à la population locale, l'ont promis beaucoup de choses notamment l'emploi à la RFO et le développement du terroir. Cependant, rien de ce que les autorités ont promis à la population s'est réalisé.

Les gens n'ont pas d'emploi et le milieu est demeuré sous-développé comme avant. Les activités alternatives proposées par les partenaires de la RFO n'étant pas à la hauteur des espoirs placés, la population locale se sent condamnée à la pauvreté par des restrictions de la RFO. Pour se défaire de la pauvreté, elle est amené à manifester, voire à rejoindre les milices pour revendiquer les droits de jouir des ressources environnementales que leurs ancêtres ont géré de manière responsable durant des centaines d'années.

Parlant de méfait de la pauvreté de la population locale, Lucien Lokumu, actuel Conservateur en Chef et Chef de site de la RFO, pense que c'est la pauvreté de la population locale qui est au centre des crispations des rapports sociaux entre le personnel de la RFO avec la population locale. Cette dernière voit le personnel de la RFO comme des spoliateurs de leurs ressources et les considère comme ses ennemies (Lokumu, communication personnelle).

Si la divergence d'intérêt des acteurs de la RFO et la pauvreté de population locale constituent des sources profondes de la résurgence des conflits armés à la RFO de 2010 à 2014, la cupidité de certains usagers des ressources de cette réserve, en l'occurrence les orpailleurs et les braconniers issues de la population locale l'est à moindre mesure.

Les orpailleurs et braconniers conscients du caractère illégal de leurs activités et ne pouvant pas s'abstenir de ces activités qui leurs procurent beaucoup d'argent que l'agriculture et la pêche, préfèrent s'armer et s'organiser en bandes armés pour se défendre contre les répressions des rangers. A ce sujet, soulignons ce que nous avions appris pendant notre enquête à la RFO, que Sadala Aliance Morgan, Ancien chef-milice du groupe « simba » de la RFO, n'était qu'un braconnier qui, pour se prémunir des arrestations des éco-gardes, alla coopérer avec le groupe milice « Maï-maï » de Jean Luc installé au Parc National de Maiko. De cette coopération naquit le groupe milice « simba », version « Maï-maï » de la RFO, qui l'a permis, non seulement de continuer avec le braconnage, mais aussi de prêter une main secourable aux orpailleurs de la RFO. En contrepartie, ces orpailleurs le soutenaient en matériels et en argent pour mener à bien ses activités. Hormis les soutiens des orpailleurs opérant à la RFO, il convient de signaler que Morgan bénéficiait également des soutiens de certaines officiers de la FARDC qui le ravitaillaient en armes et munitions à l'échange d'ivoire et/ou de l'or. Dans son rapport de Novembre 2012, le Groupe d'Experts de l'ONU écrit, nous citons : « À Kisangani, Sadala a collaboré avec un réseau criminel dirigé par le général Jean-Claude Kifwa, commandant de la 9ème région militaire, qui a fourni contre de l'ivoire aux Maï-Maï Morgan des armes, munitions, uniformes et équipements de télécommunication. Kifwa a envoyé le « colonel » Jean-Pierre Mulindilwa et le colonel Kakule « Manga Manga » Kayenga auprès de Sadala pour surveiller ses intérêts commerciaux et fournir les armes et munitions », fin de citation. Bien que l'on pourrait mettre de réserve quant à la véracité de ces allégations, la détention des armes de guerre par les milices qui accompagnaient Morgan lors de négociation de cesser le feu avec le gouvernement congolais via la FARDC (Photo 1 et 2) pousse à croire que Morgan bénéficiait bel et bien du soutien des certains militaires congolais qui l'ont permis de détenir ces munitions sophistiquées qu'il

Figure 3: Morgan (au milieu) lors des négociations de cesser le feu avec la FARDC.

Figure 4: Quelques miliciens Simba ayant accompgnés Morgan aux négociations avec la FARDC

ne pourrait vraisemblablement pas avoir sans une complicité réelle avec les unités armés.

La stratégie d'instigation des conflits armés à la RFO par les orpailleurs, braconniers, voire certains officiers congolais est à tout point de vue, condamnable. Cependant, elle est loin d'être une stratégie irrationnelle pour les orpailleurs et braconniers. La guerre, nous dit Hugon (2009), permet de légitimer des actions qui seraient considérées comme des crimes en période de paix. Elle permet, en l'absence d'État de droit, de profiter d'octrois le long des routes ou de bénéfices sur la contrebande ou sur les différents bakchichs. En alimentant les conflits armés à la RFO, les orpailleurs et braconniers paralysent ainsi le bon fonctionnement de celle-ci et continuent d'exercer, en toute impunité, leurs activités.

En somme, ce chapitre était consacré à l'identification des acteurs impliqués aux conflits armés à la RFO et aux enjeux autour desdits conflits. L'objet du présent chapitre étant réalisé, nous déterminons dans le chapitre qui suit les conséquences desdits conflits armés et les stratégies mises en œuvre par l'ICCN et ses partenaires pour atténuer les effets de ces conflits.

CHAPITRE QUATRE : CONSEQUENCES ET STRATEGIES D'ATTENUATION DES EFFETS DES CONFLITS ARMES A LA RFO

Dans ce chapitre, nous développons les effets des conflits armés à la RFO et présentons les stratégies mises en œuvre par l'ICCN et ses partenaires pour atténuer lesdits effets. Pour ce faire, nous subdivisons ce chapitre en deux sections également. La première section traite des effets des conflits armés à la RFO. La seconde section présente les stratégies mises en œuvre par l'ICCN et ses partenaires pour atténuer les effets des conflits armés.

III.1. : Conséquences des conflits armés à la RFO

Suivant les avis de nos enquêtés représenté dans le tableau 9, les conflits armés à la RFO auraient eu plusieurs effets négatifs, notamment l'effondrement successif de la gouvernance de la RFO, la destruction des infrastructures et de l'habitat de la réserve, l'intensification du braconnage et d'orpaillage et des pertes humains.

Tableau 9 : Avis des enquêtés sur les conséquences des conflits armés à la RFO

Type de réponse donnée	Fréquence des réponses données
Effondrement successif de la gouvernance de la RFO	70
Destruction des infrastructures et de l'habitat de la réserve ruction des infrastructures	70
Intensification du braconnage et d'orpaillage	70
Pertes humains	70

En effet, la décennie des conflits armés à la RFO a engendré un effondrement successif de la gouvernance de la RFO et les pillages ou sabotage de ses infrastructures. Aux premiers conflits armés des années 1997-1998, les responsables de la RFO (les agents de l'ICCN basés à la RFO ainsi que de ses partenaires de conservation GIC et WCS) avaient quitté la réserve. Ce qui occasionna une vague de pillages successifs, d'abord par les Forces Armées Zaïroises et ensuite par les milices Maï-maï. Après la prise du pouvoir par

Laurent Désiré Kabila, les agents de la RFO sont revenus. Toutefois, à la suite de l'insécurité généralisée et à la deuxième guerre de 1999 opposant les Forces armées de la RDC avec les armées ougandaises et les rwandaises, plus de 70% de la réserve échappait au contrôle de l'ICCN (Aveling et Hart, 2006).

Au mois de septembre 2002, les affrontements des armées de Bemba (MLC) et Mbusa (RDC-KML) le long de la route qui traverse la RFO contraient les cadres de la RFO à quitter de nouveau la RFO. Après une longue période de négociations débouchant sur un cessez-le-feu, les armées arrêtèrent les confrontations et se replièrent dans des positions à 20 km de part et d'autre de la ville de Mambasa. Ce qui permit, malgré ces tensions, aux cadres de l'ICCN et de ses partenaires de retourner sur le site au mois de mai 2003.

En 2004, avec la découverte des diamants près du village de Babasua, environs 1.000 personnes envahissent la RFO. L'ICCN redoubla les efforts de surveillance et de sensibilisation. Cependant, suite aux activités des milices, l'ICCN peine à remettre de l'ordre sur toute l'étendue de la réserve.

En 2012, la milice SIMBA attaque le bureau administratif de la RFO. Les responsables de la RFO sont énième fois contraints de quitter la réserve. Les hostilités ouvertes par les milices SIMBA occasionna l'exécution de deux personnels de la réserve, l'abattage de 14 Okapis apprivoisés dans le jardin zoologique de la réserve ainsi que le sabotage du bâtiment administratif de la réserve. En termes de coût financier subit par la RFO aux conflits armés des années 1996 et 2002, Tshibasu (2012) révèle que le coût pour les dégâts matériels s'élève à 266.500$ et le coût pour les dégâts écologiques à 8.300.000$.

En complément de ces faits, soulignons que la décennie de conflits armés à la RFO a eu des conséquences terribles sur la protection de la biodiversité de la réserve. Suivant les données à notre disposition, il est difficile, si pas impossible, de dire que les conflits

Photo 5: Cage des okapis du jardin zoologique de la RFO resté vide à la suite d'abattage des Okapis par les miliciens Simba

armés ont eu des effets positifs sur la biodiversité de la réserve. Dans l'ensemble, ces conflits ont eu des incidences négatives sur sa biodiversité. Ils ont contribué indirectement à l'ouverture de carrières minières dans et aux alentours de la réserve et à l'intensification du braconnage (plus précisément celui d'éléphant). Les conséquences néfastes des activités minières dans et aux alentours de la RFO ne sont pas à

Photo 6: Ancien batiment administratif sacagé par les miliciens Simba

démontrer. Les activités minières contribuent à la dégradation des forêts de la RFO, voire à la déforestation pour autant que les orpailleurs ne s'empêchent d'abattre les arbres pour rendre aisé l'exploitation aurifère (Figure 5).

Figure 7 : Campements et chantiers miniers dans la RFO en mars 2012 (R. Ruf, GIC)

Les carrières minières attirent la présence de très nombreuses personnes. Elles constituent les bases de repli des braconniers et d'autres inciviques. En général ces carrières sont associées avec les activités de chasse illégale par pièges ou armes à feu dont les produits servent à alimenter les creuseurs. L'agriculture y est aussi pratiquée. En effet, des véritables villages apparaissent autour des carrières actives. Tous ces campements sont peuplés de diverses catégories de personnes qui viennent, les unes pour les fouilles, les autres sont des fournisseurs de produits manufacturés (cigarettes, piles, habillements, etc.) et alimentaires (sel, riz, haricots, alcool, etc.). Ce sont des véritables marchés d'échanges commerciaux sous forme de troc comme l'ont su bien mentionné Aveling et Hart (2006).

En septembre 2013, un recensement des activités minières à l'intérieur de la RFO a fait état de plus de 30 chantiers avec campement et de plus de 20 chantiers sans campement (Figure 2).

Tous les carrés miniers illégaux qui avaient été évacués suite aux opérations conjointes de l'ICCN et FARDC ont été réoccupés et de nouveaux chantiers ont été ouverts. On rapporte qu'elle a été favorisée par certains chefs coutumiers locaux, par certains militaires et même par certains éléments de l'ICCN (D'Huart et Maziz, 2014).

Outre les carrés miniers artisanaux, la RFO est toujours entourée de nombreuses concessions minières octroyées légalement par le cadastre minier. Certaines de ces concessions minières, particulièrement au nord, au sud-est et au sud-ouest, empiètent sur les limites de la Réserve (Figure 3). Il en est par exemple de celles appartenant à la société Kilo Gold[5]. Bien que l'activité minière industrielle n'ait pas encore débuté dans ses concessions

---

[5] Kilo Gold est une compagnie de droit canadien qui détient un permis d'exploration (recherche, prospection) en Province Orientale, autour d´Isiro (avec la compagnie Rio Tinto), autour de Beni (projet Masters) et le projet Somnituri dans la région de Nia-Nia. La compagnie a débuté ses activités d'exploration en janvier 2010, principalement dans les sites d'Adumbi, Manzako et Kobe (Puijenbroek, 2014)

empiètant la RFO, il est à présager qu'après les études de prospection, si les titres de concessions ne sont pas annulés par le Cadastre minier, cette société entamera l'exploitation minière industrielle à l'intérieur même de la RFO.

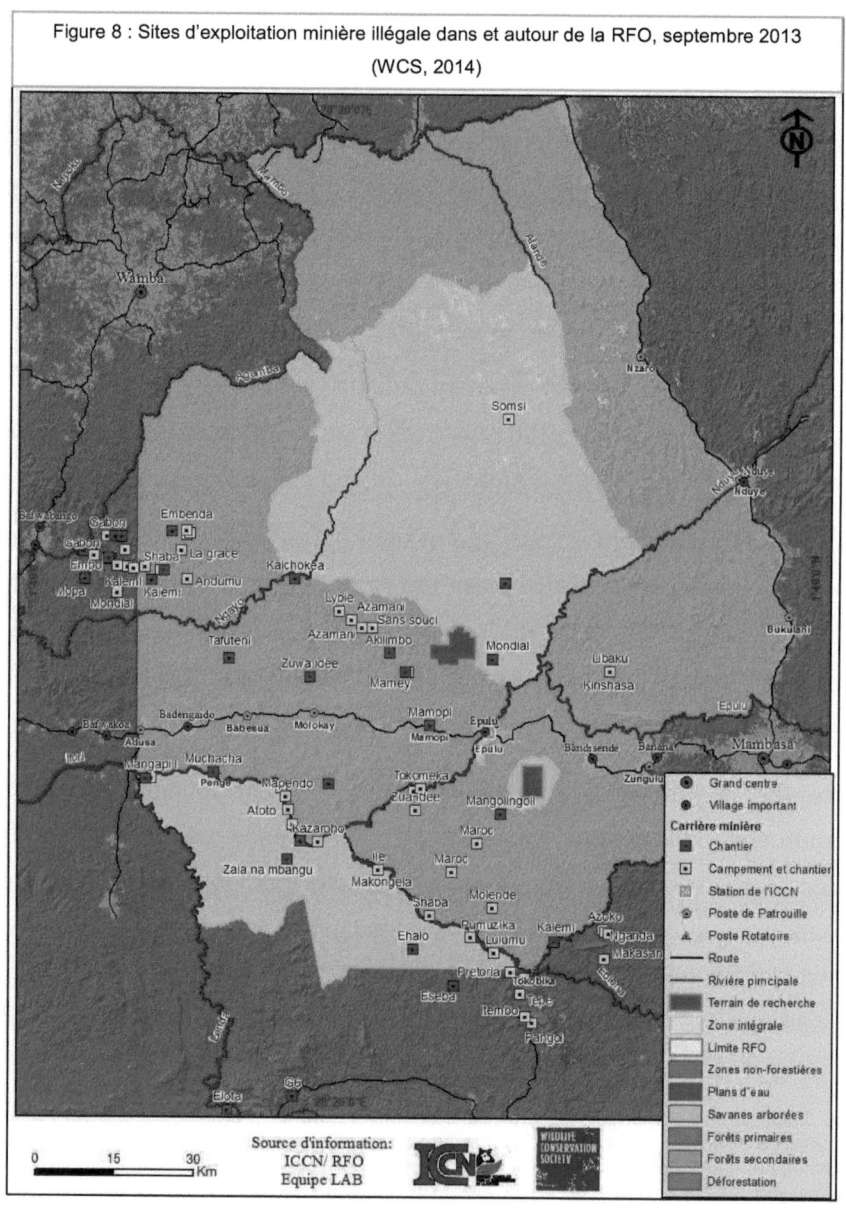

Figure 8 : Sites d'exploitation minière illégale dans et autour de la RFO, septembre 2013 (WCS, 2014)

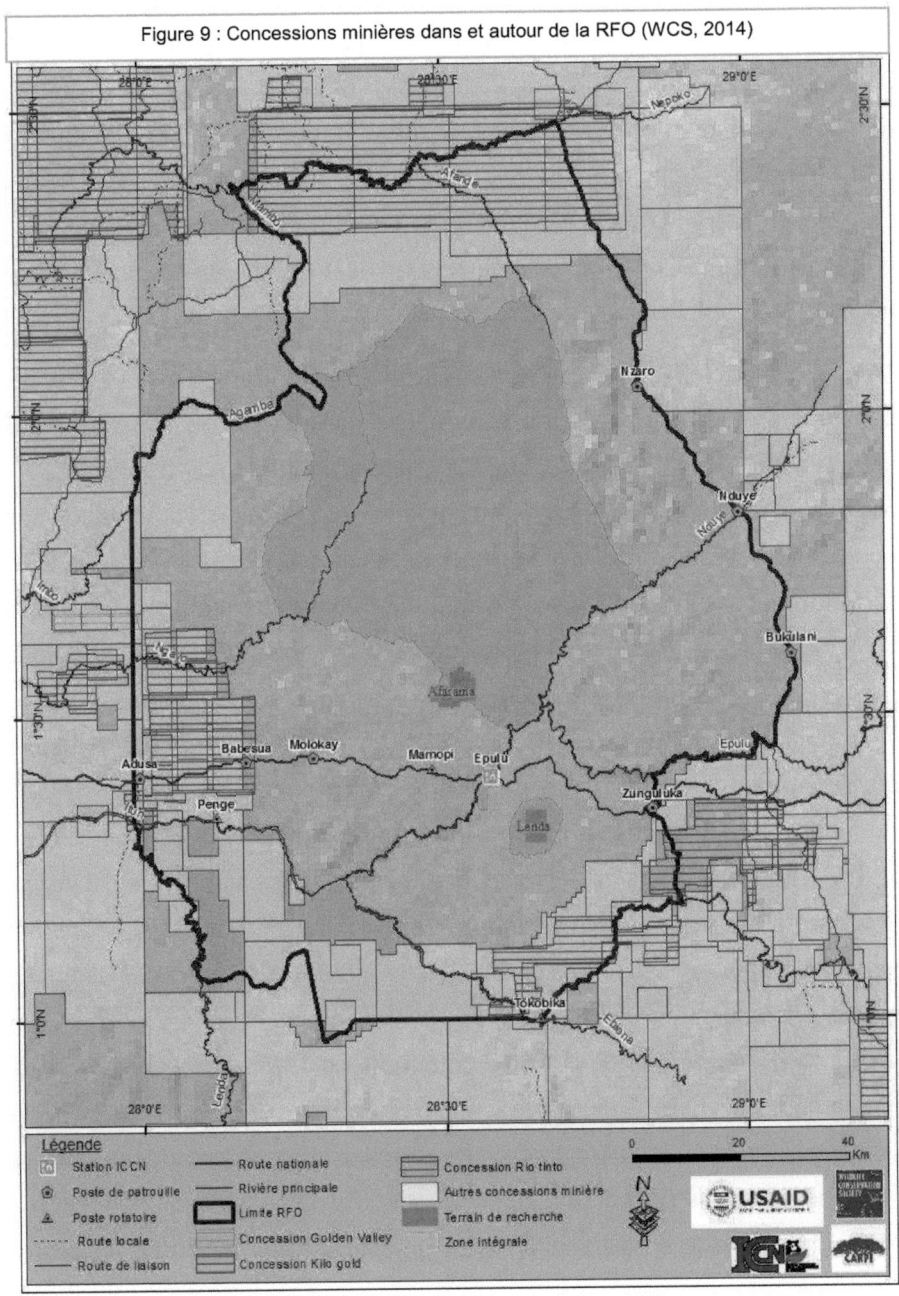

Figure 9 : Concessions minières dans et autour de la RFO (WCS, 2014)

Pour ce qui est de la contribution des conflits armés à l'intensification du braconnage à la RFO, les résultats des inventaires de la grande faune entre 1995 et 2006 et entre 2007 et 2011 les confirment. La comparaison des premiers résultats (entre 1995 et 2006) montrait que les effectifs d'éléphants de la RFO avaient diminué de 48% suite à l'intense braconnage armé durant la guerre. Cette tendance s'est confirmée par la comparaison des chiffres de 2008 et de 2013, où une nouvelle diminution de 43% est observée (D'Huart et Maziz, 2014).

Pour la population d'okapis, qui avait décliné de 43% entre 1995 et 2006, on a observé, entre 2007 et 2011, une apparente augmentation de 46% des indices indirects (D'Huart et Maziz, 2014). Ce résultat inattendu et à première vue inexplicable n'est pas statistiquement confirmé, et une telle augmentation dans la population des animaux, en croire Stokes (cité par D'Huart et Maziz, 2014) est fortement improbable. Les inventaires récents mettent également en évidence que les indices d'abondance des autres espèces suivies (regroupées en trois catégories de petits ongulés), à l'exception des chimpanzés, ont tous diminué durant les périodes des conflits, vraisemblablement à cause du braconnage.

Pendant les périodes des conflits armés, la perte d'éléphants était de 3151, de 6439 à 3288 éléphants (Beyers et al, 2011). Il est estimé que 23 tonnes d'ivoires ont été trafiquées (Puijenbroek, 2014). La tendance s'est confirmée par la comparaison des chiffres de 2008 et de 2013, où une nouvelle diminution de 43% a été estimée.

Suivant Puijenbroek (2014), des informations des hommes d'affaires, commerçants d'ivoire et journalistes indiquaient que l'ivoire était transportée vers Ouganda et la République Centre Africaine. Les commandants rebelles et les commerçants étaient impliqués dans le trafic. De 2002 à 2004, l'Ituri en général, et la RFO en particulier, était un fournisseur important d'ivoire au marché global.

À la RFO, le braconnage prospère encore car soutenu par les militaires qui sont souvent accusés de ravitailler les braconniers. En mars 2014, l'ICCN a accusé la compagnie d'intervention FARDC basée à Bandisende et Zunguluka d'être impliquée dans le braconnage des éléphants et des primates[6].

De toute évidence, la chasse dans la RFO continue à alimenter le commerce de viande de brousse dans les villages et les centres urbains avoisinants (Wamba, Nia-Nia, Mambasa) ainsi que certaines localités plus éloignées (Bafwasende, Bunia, Beni). Par manque de suivi régulier, le niveau de piégeage n'est pas bien connu mais il est certainement élevé et largement répandu dans la RFO. Il est fortement probable que le produit de la chasse au filet pratiquée par les pygmées Mbuti ainsi que la pose de collets métalliques ont participé pendant les périodes des conflits armés au commerce et contribué à la réduction des populations de faune, notamment les populations de céphalophes et autres petits ongulés.

III.2. : Stratégies mises en œuvre par l'ICCN et ses partenaires pour atténuer les conflits à la RFO

Les conflits armés ont comporté des défis, des difficultés et des risques pour le personnel de l'ICCN basé à la RFO ainsi que ceux de ses organismes partenaires. Cependant, ces derniers à défaut de les éviter, ont mis en place certaines stratégies susceptible des réduire leurs effets. Ainsi, dans cette section, nous présentons et donnons les résultats de chacune de ses mesures.

Les stratégies mises en œuvre pour atténuer les effets néfastes des conflits armés à la RFO sont le monitoring, la surveillance, le contrôle de la migration à l'intérieur de la réserve et la règlementation des activités des résidents, le

---

[6] Pour des amples informations sur ces accusations, prière se rapporter au mémorandum de la RFO du 3 Mars 2014 à l'attention du commandant de la zone opérationnelle de Bunia en annexe de ce travail.

zonage participatif, la sensibilisation et l'élimination progressive de l'exploitation minière.

III.2.1. Le monitoring

De prime abord, soulignons que le premier inventaire des grands mammifères et des activités dans la réserve a eu lieu en 1994. Ceci a montré que la RFO était une des régions forestières la plus riche du pays en ce qui concerne les populations d'éléphants, d'okapis, de chimpanzés, de primates et d'antilopes. Pendant la guerre en 1998, un inventaire partial a été fait pour évaluer l'impact de la guerre. En 2004 et 2005, une répétition complète de l'inventaire a été proposée mais malheureusement l'insécurité dans la zone a empêché sa réalisation et les équipes du terrain ont été refoulées du secteur nord par des milices hostiles. Néanmoins les équipes ont pu travailler sur une superficie d'environ un tiers de la RFO, soit 5.600 Km^2, située de part et d'autre de l'axe routier traversant la RFO et dénommée « zone verte ». Cette zone a été la mieux protégée pendant la guerre, mais c'est aussi le secteur où la densité de la population humaine était le plus élevée (Aveling et Hart, 2006).

L'inventaire de la zone verte a recueilli des informations sur l'abondance et la distribution des éléphants, okapis, primates et céphalophes (antilopes les plus exploités pour la viande de brousse) ainsi que les activités humaines (ICCN / WCS, 2006). Les résultats indiquent que, malgré des signes de chasse illégale (pièges à câbles métalliques) partout dans la zone verte, toutes les espèces de mammifères recensées sont présentes. La composition des espèces de céphalophes, ainsi que la densité de petits primates, laisse supposer que la faune n'a pas été négativement affectée par une pression de chasse trop forte. En ce qui concerne les éléphants, il est évident que la zone verte est devenue une zone de concentration des éléphants, particulièrement autour de la station d'Epulu, du fait d'une meilleure protection. Par ailleurs cette concentration provoque de plus en plus de conflits avec les agriculteurs.

III.2.2. La surveillance

Il convient de rappeler que depuis l'année 2000, les activités de surveillance étaient appuyées par l'UNESCO (jusqu'en 2004) et le GIC sous forme de paiement de primes des gardes et des appuis logistiques. La fréquence du grand braconnage ayant augmenté de façon dramatique pendant la guerre, les gestionnaires de la RFO ont fait plusieurs tentatives de contrôler ce fléau avec, par moment, des succès mais la situation d'insécurité fluctuante, liée à la succession de différentes forces armées occupant la zone, a fait que les succès ont souvent été suivis par des revers (ICCN/WCS, 2010).

Durant l'année 2005, l'Opération SOS, financée avec des fonds d'urgence de l'UNESCO, a tenté d'identifier, dénoncer et, dans la mesure de possible, démanteler les réseaux de braconniers et trafiquants d'éléphants opérant dans et autour de la RFO. Le rapport mettait clairement en évidence l'implication des militaires et des agents de la police dans ce braconnage, ainsi que les déserteurs et autres hors la loi. Les individus étaient identifiés dans le rapport et certains ont été arrêtés et transférés au parquet de Bunia ou à Bafwasende. Dans le secteur nord-ouest les commerçants jouaient, avec les militaires, un rôle important comme fournisseurs d'armes de guerre et acheteurs d'ivoire[7].

Les fonds SOS ont servi de mobiliser des patrouilles dans le secteur nord de la RFO et ont permis à ICCN de reprendre progressivement le contrôle de ce secteur menacé. A l'heure actuelle environs 20% de la RFO reste incontrôlé (D'Huart et Maziz, 2014). Compte tenu de la nature délicate de ce type d'opération (implication de militaires, police, administrateurs dans le braconnage et trafic), le Gouverneur a autorisé la constitution de commissions mixtes ICCN / FARDC pour les patrouilles. En même temps les autorités ont

---

[7]Pour plus de renseignements sur les rôles joués par les officiers de FARDC dans le braconnage, prière se référer aux rapports 2012 et 2014 du Groupe d'experts sur l'exploitation illégale des ressources naturelles et autres richesses de la République démocratique du Congo et de la PAX Christi Pays Bas référenciés respectivement sous l'égide du Conseil des Nations unies (2012) et du Puijenbroek (2014).

été sensibilisées de retirer les militaires des zones périphériques de la RFO (camp d'Nduye, axes nord est et sud) à partir desquels les activités de braconnage ont été organisées.

Enfin il convient de noter qu'en 2006, le système de LEM (Law Enforcement Monitoring-Suivi de Patrouille) n'était que partiellement opérationnel. Si la plupart des patrouilles partaient avec un GPS pour localiser les observations les plus importantes (camp de braconniers, carrière, 30 etc...), les catégories d'informations collectées restaient limités et l'enregistrement et l'analyse de données n'étaient pas encore suffisamment systématisés. Toutefois de 2009 à 2011, l'amélioration du dispositif de surveillance s'est poursuivie avec la formation, l'équipement et le déploiement des gardes dans la plupart des secteurs. Avec l'appui des partenaires et des bailleurs (notamment le plan d'urgence appuyé par l'UNESCO), notons que les bâtiments incendiés et dégradés en juin 2012 ont été réhabilités. Cinq véhicules et huit motos sont disponibles pour assurer la mobilité et l'appui aux patrouilles. La dotation de l'équipement de terrain (GPS, radios HF et VHF, talkie-walkie, matériel de brousse) ont permis d'améliorer le potentiel de performance des patrouilles.

A ces jours, si les GPS sont toujours utilisés pour l'enregistrement des observations géo-référenciées au cours des patrouilles, le logiciel MIST (« Management Information System » ou « Système de gestion des informations »), par contre, a été remplacé par le logiciel SMART (« Spatial Monitoring and Reporting Tool » ou « Outil de suivi spatial et de rapportage), une version améliorée jugée plus performante comme système de suivi patrouille. Les données sont encodées immédiatement après le retour des patrouilles et sont donc rapidement disponibles pour les gestionnaires du site. Elles permettent de bien appréhender l'effort de surveillance (distribution géographique des patrouilles, distances parcourues, homme-jours (h-j) de patrouille) et son impact (niveau d'activités illégales / h-j de patrouille, indices d'abondance de la faune, etc.).

Entre 2008 et 2011, les patrouilles équipées de GPS ont visité 75-85 % des quadrats de 5 km x 5 km de la RFO. A la suite de l'insécurité croissante, la majorité des secteurs de la RFO n'ont plus été patrouillés par les gardes et le taux de couverture est tombé à 55 % en 2011-2012 et à < 30 % en 2012-2013. La figure 4 illustre la superficie de la RFO couverte annuellement par les patrouilles de 2008 à 2013[8].

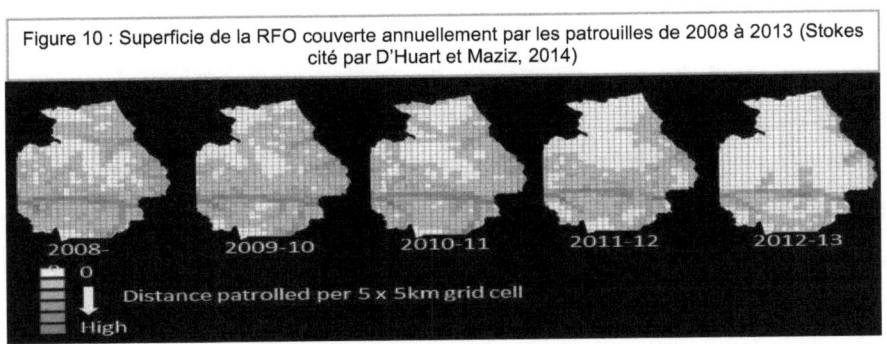

Figure 10 : Superficie de la RFO couverte annuellement par les patrouilles de 2008 à 2013 (Stokes cité par D'Huart et Maziz, 2014)

A l'examen de cette figure, on remarque une forte concentration de l'effort de patrouilles aux abords immédiats de la RN4, de la station d'Epulu et le long de la piste Mambasa – Nduye – Nepoko. L'absence de patrouilles dans les secteurs plus éloignés qui nécessitent des patrouilles de plus grande envergure avec une durée de plus de 15 jours (logistiquement et financièrement plus lourdes) est inquiétante, particulièrement pour les secteurs nord-ouest (Wamba) d'où est rapportée une forte pression agricole, forestière et minière. En revanche, la concentration des patrouilles près des routes peut se justifier par le fait que la densité humaine y est la plus forte et les activités illégales les plus fréquentes.

Ceci dit, soulignons que des survols annuels ont permis de renforcer l'efficacité de la surveillance. Ces survols sont particulièrement utiles pour suivre le nombre, l'importance et le niveau d'occupation des carrés miniers. Ils sont

---

[8] Il est difficile pour nous de présenter les données de 2014 pour autant que les autorités de la RFO nous ont déclarées être en retard quant à présentation graphique desdites données.

également utiles pour surveiller les zones difficilement accessibles (zone de protection intégrale, partie centre-nord) et pour le suivi des clairières naturelles (« edos ») qui attirent des concentrations importantes de faune (notamment éléphants, buffles, bongos, hylochères, perroquets gris et pigeons verts).

La visite de quatre edos (trois N-E ; un S-E) confirme une fréquentation continue de la grande faune (éléphants, okapis, buffles, potamochères, cercopithèques) dans trois de ces sites et la recolonisation du quatrième (On note cependant le peu de traces de petites antilopes et d'indices de fréquentation humaine). Les données LEM (Law Enforcement Monitoring – suivi des patrouilles) suggèrent une diminution des indices de braconnage (- 75 % entre 2009 et 2013), mais l'analyse de cette évolution pose différentes questions en croire D'Huart et Maziz (2014). Vu la diminution des populations fauniques, on est vraisemblablement en droit de se demander si l'apparente diminution des indices de braconnage n'est pas un reflet de la difficulté croissante pour les braconniers de trouver du gibier et/ou de la diminution de l'effort de surveillance ou des deux.

Toutefois, si les démarches conjointes entre l'ICCN, les FARDC et l'administration locale semblaient avoir porté leurs fruits et entrainé une réduction forte de l'implication des militaires dans le braconnage en 2009, le problème est progressivement réapparu avec le retour de l'armée en raison de l'augmentation de l'insécurité causée par les groupes milice Simba. L'ICCN rapporte que les militaires présents dans la périphérie sud-ouest de la RFO et qui relèvent de la région militaire de Kisangani se comportent de façon beaucoup moins discipliné (Memo de la RFO concernant les problèmes lies a la présence militaire en annexe).

III.2.3. Le contrôle de la migration et réglementation des activités des résidents de la RFO

Possédant plusieurs campements à l'intérieur de ses limites, la RFO a vu croître le nombre de sa population pendant les deux périodes des conflits armés. L'émigration pour fuir la guerre et la surpopulation des hautes terres à l'Est ont amené de nombreuses nouvelles familles à s'installer dans les villages de la réserve le long de la RN4. Le problème a été exacerbé par la réhabilitation de cette route qui d'un simple sentier pendant 20 ans est brusquement redevenue un axe de communication majeur emprunté chaque mois par des centaines de véhicules qui transportent des populations en quête de nouvelles terres.

Pour faire face à l'immigration à la RFO, les autorités de l'ICCN et de ses organismes partenaires ont mis en place les politiques de contrôle de la migration à l'intérieur de la RFO. Ces politiques visent un objectif majeur et trois objectifs spécifiques. L'objectif majeur est de réglementer l'accès et les séjours dans la RFO en collaboration avec les entités administratives locales. Les objectifs spécifiques sont :

1) Dresser un répertoire de tous les habitants de la RFO et des différents mouvements de la population en direction de la RFO.
2) Établir une source de revenus destinés aux projets de développement identifiés par la population.
3) Rétablir l'autorité de l'ICCN sur les modes d'accès et de séjour dans la RFO (Tshombe et al, 2006).

Entre octobre 2005 et janvier 2006, l'ICCN et ses partenaires ont réalisé une expérience pilote de contrôle de l'immigration dans la RFO avec l'appui de l'UNESCO. L'expérience a tenté de distinguer entre les résidents permanents dans la RFO, des personnes qui effectuent des séjours temporaires pour une durée déterminée et les personnes de passage (traversant la RFO lors d'un voyage). Pour ce faire un certain nombre de documents ont été établis :

- Registre de contrôle de la migration (aux entrées et sorties) à la RFO ;
- Permis de séjour temporaire pour des périodes de courte (1 à 30 jours), moyenne (30 à 60 jours) et longue (60 à 180 jours) séjour ;
- Jeton de passage pour les personnes de passage à la RFO ;
- Carte de résident pour les personnes enregistrées dans le répertoire des habitants de la RFO ;
- et le Répertoire des habitants de la RFO tenu par l'ICCN et les entités administratives locales (Tshombe et al, 2006).

Afin d'assurer la durabilité du système, il a été créé une structure mixte qui comprend les représentants des entités administratives locales, la société civile et l'ICCN. Cette structure, dénommée le Comité de Contrôle de l'Immigration dans la RFO (CCI-RFO), est notamment chargée d'organiser la perception des droits de séjour et de passage et de superviser la répartition des revenus collectés aux projets de développement locaux identifiés par la population.

L'impact de la mise en place des barrières de contrôle sur le comportement des personnes traversant la RFO est difficile à évaluer de manière quantitative, mais il est certain que le fait de devoir s'arrêter et de se faire contrôler aux barrières joue positivement sur la prise de conscience du statut spécial de la Réserve et des réglementations à respecter. En effet, les barrières permettent à l'ICCN de renforcer son mandat de gestionnaire du site. La collecte des informations permet également aux gestionnaires de bien comprendre et suivre les caractéristiques du trafic dans la Réserve (flux, timing, destinations, motivation, marchandises transportées, etc.).

III.2.4. Le zonage participatif

Depuis 2000, l'ICCN et ses partenaires WCS et GIC, dans le cadre du Programme de Conservation Communautaire (PCC), ont mis en place un système de zonage participatif pour essayer de gérer l'épineux problème d'exploitation non durable des ressources naturelles par les villageois de la RFO. Une série de zones agricoles, de zone de chasse ont vu le jour autour des villages sur l'axe est-ouest (Zunguluka-Adusa) qui traverse la RFO, et l'axe nord-sud qui suit la limite de la RFO (Figure 4). Ce sont des villages qui existaient lors de la création de la RFO.

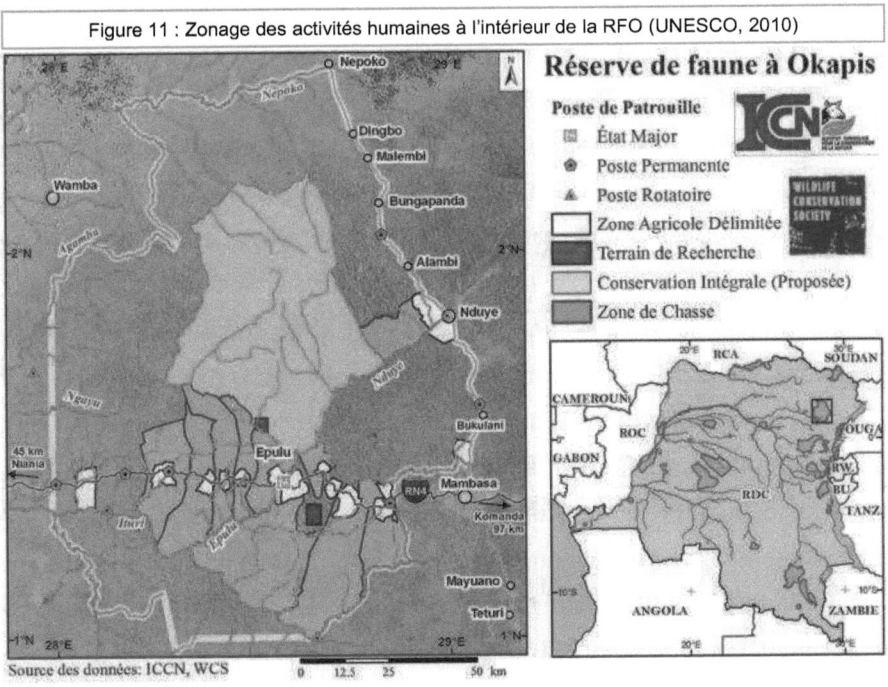

Figure 11 : Zonage des activités humaines à l'intérieur de la RFO (UNESCO, 2010)

L'objectif de ces zonages est de délimiter les zones dans lesquelles les activités agricoles et de chasse peuvent se pratiquées. De plus, les techniques agricoles sont introduites pour permettre de mieux valoriser les terres, stabiliser les activités agricoles et ainsi protéger les jachères (semences améliorées, cultures en couloirs pour regrouper les agriculteurs, techniques agroforestières, etc.). Ce système de zonage permet également de suivre l'évolution démographique dans chaque village (ICCN/WCS, 2006). A ce jour, 27 zones agricoles (2009 : 14) sur un total planifié de 30 ont été délimitées et des accords de gestion signés. Ces zones agricoles représentent 5% de la superficie de la RFO. La délimitation participative des zones de chasse a également bien progressé puisqu'un total de 26 zones de chasse (2009: 6), soit 50% de la superficie de la RFO, avait été délimitées en 2013.

Par ailleurs, il sied de préciser qu'il reste à délimiter trois zones agricoles et cinq zones de chasse soit environ 12% de la Réserve dans les secteurs nord-ouest et ouest. Le zonage de la Réserve s'inscrit dans celui, à plus grande échelle du « Paysage Epulu-Ituri-Aru » entrepris par le programme CARPE dont WCS est le leader local. WCS prévoit de soumettre en 2015 l'ensemble du zonage aux autorités des Territoires concernés et de la Province Orientale pour validation. De ce qui précède, soulignons que le processus de zonage est long et nécessite un important et fastidieux travail d'information et de sensibilisation des villageois avant qu'ils s'approprient pleinement la notion que les ressources naturelles ne sont pas illimitées et qu'une gestion durable des ressources s'impose. Le pouvoir politique et économique des immigrés sur les résidents autochtones peut parfois déstabiliser et freiner le processus. Les équipes de l'Unité de Conservation Communautaire de l'ICCN s'occupent du suivi des accords, de la vérification du respect des limites et de l'encadrement des techniques agricoles et agro-forestières visant une meilleure utilisation des terres. Elles travaillent en étroite concertation avec les autorités des villages, ce qui diminue tant soi peu les tensions entre la RFO et la population locale.

III.2.5. La sensibilisation

La sensibilisation est une activité transversale qui touche toutes les activités de gestion de la RFO, y compris la question de migration des populations vers la RFO et l'impact de leurs activités sur le milieu. Tous les partenaires de l'ICCN participent à cette activité dans la mesure où un important travail de sensibilisation et d'information auprès des populations et des autorités est nécessaire pour la mise en œuvre des différents volets (zonage, lutte anti-braconnage, fermeture des carrières, etc.). De plus, le GIC consacre un effort particulièrement important sur l'éducation environnementale dans le sens large du terme. Ce volet emploi de nombreuse approches (séminaires avec l'administration publique, conférence dans les écoles, expositions, films, émissions radio, presse écrite, etc.).

Dans le contexte de l'effondrement de l'administration et de la désintégration de l'ordre public qui a caractérisé les dernières années de guerres civiles et d'agression au pays, la nécessité de multiplier les contacts avec toutes les parties prenantes était devenue incontournable afin de s'assurer que le « message passe » à tous les niveaux. Mais, l'effondrement des réseaux de communication, ainsi que l'insécurité dans la région, ont fait que ce travail de contacts soit extrêmement difficile et couteux à soutenir. Néanmoins cet effort, particulièrement après les troubles de 2002, a été déterminant pour la réussite des opérations de lutte contre le grand braconnage et la fermeture des carrières dénommées « opération SOS ». L'implication du gouverneur de la Province Orientale, ainsi que de la plus haute autorité militaire à Kisangani a permis de mobiliser des équipes mixtes pour mener des opérations sur le terrain. Sans cela, l'opération SOS, comme le notent Aveling et Hart (2006), n'aurait pas pu se dérouler.

III.2.6. Elimination progressive de l'exploitation minière

L'élimination progressive de l'exploitation minière à la RFO se fait par l'évaluation des carrières à l'intérieur de la réserve. Cette charge incombe à la commission ICCN/FARDC instituée par le Gouverneur de Province Orientale. En 2006, environ 70% des carrières connues en fin d'année 2005 ont été évacuées (Aveling et Hart, 2006). Toutefois, précisons qu'un survol de la RFO en mars 2006 par le GIC avait mis en évidence la présence d'autres petites carrières inconnues. Le secteur Badengaido, fief de l'ancien chef milice Morgan est particulièrement problématique. Les exploitants miniers non seulement sont restés réfractaires au moratoire de la Commission précitée, mais continuent de résister aux opérations d'évacuation des exploitants miniers à la RFO initié par le Gouverneur de Province susmentionnée[9].

Les résultats d'élimination progressive de l'exploitation minière à la RFO sont à premier vu ambivalents. En effet, la commission ICCN/FARDC parvient pendant ses campagnes à réduire de façon significative les activités aurifères à la RFO. Cependant, lorsqu'elle suspend ses campagnes, les activités aurifères se prolifèrent à la RFO. Les campagnes irrégulières de cette commission seraient associées à l'augmentation de nombre des carrières à la RFO. Ainsi, sur le terrain, il apparait clairement que la commission ICCN/FARDC ne semble pas de taille face à la problématique de l'envahissement de la réserve par les orpailleurs. Toutefois l'existence de cette commission apparait préférable au statu quo, c'est-à-dire ne rien faire, puisqu'elle limite jusqu'à un point la prolifération des activités minières dans toute la RFO.

En somme ce chapitre avait comme objet de déterminer les conséquences des conflits armés à la RFO ainsi que les stratégies mises en œuvre par l'ICCN et ses partenaires pour atténuer les effets desdits conflits. L'objet étant réalisé, nous passons dans les pages suivantes à la conclusion de ce travail.

---

[9] Suivant nos enquêtes, les exploitants miniers de Badegaindo résistent à l'évacuation des carrières à l'intérieur de la RFO pour autant qu'ils retournent dans les carrières après le passage des gardes parcs et FARDC.

CONCLUSION

Les incidences négatives des conflits armés sur les populations humaines et le développement des pays ne sont plus à démontrer. En dehors de toutes les incidences négatives que peuvent avoir les conflits armés sur les populations humaines et le développement des pays, il est à ces jours bien établi que ces conflits ont aussi des effets néfastes sur la conservation de la nature. C'est pourquoi, pour améliorer les connaissances des effets des conflits armés sur la conservation de la nature devenant une thématique de plus en plus important dans un monde où les conflits armés vont croître à la suite des changements climatiques, nous nous sommes proposé ce travail étudiant les effets des conflits armés à la RFO de 1996 à 2014.

La problématique de ce travail s'articule autour de la question principale suivante : Quelle ont été les incidences des conflits armés sur la gouvernance de la RFO ? De cette question centrale découle deux questions secondaires, à savoir : Quelles ont été les causes des conflits armés à la RFO et quelles sont les stratégies mises en œuvre par l'ICCN et de ses partenaires pour atténuer les effets des conflits armés à la RFO ?

Au regard de la question principale présentée supra, une hypothèse a été formulée, à savoir : les conflits armés à la RFO n'auraient eu que des incidences négatives sur la gouvernance de la RFO. En surcroit de cette hypothèse, deux autres hypothèses ont été émises pour tenter de répondre aux questions secondaires, à savoir : l'exploitation des ressources naturelles, les limites de la RFO et le mode de gestion de la RFO auraient été les causes des conflits armés à la RFO et le monitoring, le patrouille, la sensibilisation et le contrôle de la migration au sein de la RFO auraient été les politiques mises en œuvre par l'ICCN et ses partenaires pour atténuer les menaces des conflits armés à la RFO.

Pour vérifier ces hypothèses, nous avons recouru à la méthode dialectique. Etant-donné que cette méthode n'a pas suffi à orienter, seule, la présente investigation, nous l'avions adjoint des techniques d'analyse documentaire et d'entretien. Cette méthodologie a conduit aux résultats selon lesquels les causes des conflits armés à la RFO sont multiples et évolues avec le temps. De 1997 à 2002, les conflits armés à la RFO sont dus aux campagnes militaires des forces gouvernementales et rebelles pour le pouvoir politique. De 2010 à 2014, les conflits armés à la RFO sont dus aux divergences d'intérêts opposant l'Etat Congolais et la population locale. Celle-ci réclame la restriction de la RFO aux anciennes limites de la station d'élevage des Okapis. Les acteurs impliqués dans lesdits conflits sont enchevêtrés. On y identifie les acteurs publics et les acteurs privés, les acteurs visibles et les acteurs invisibles, les acteurs directement impliqués et les acteurs indirectement impliqués. La décennie des conflits armés à la RFO a contribué à l'effondrement successif de sa gouvernance lequel se manifeste par l'intensification du braconnage, l'exploitation minière illégale dans la réserve. Pour atténuer ces menaces, l'ICCN et ses partenaires ont mis en place certaines stratégies : le Monitoring, la surveillance, le contrôle de la migration à l'intérieur de la réserve et la réglementation des activités des résidents, le zonage participatif, la sensibilisation et l'élimination progressive de l'exploitation minière.

Au regard de ces résultats, il y a lieu de soutenir que les hypothèses ont été justifiées.

Considérant que les conflits armés à la RFO constituent une situation désagréable que les acteurs de la gouvernance environnementale doivent chercher à éradiquer, nous proposons dans les lignes qui suivent quelques pistes de solution pour éliminer ces conflits :

- ❖ A l'Etat Congolais, nous suggérons :

- D'investir davantage à la conservation des ressources de la RFO en la louant des crédits conséquents pour son bon fonctionnement ;
- De recruter les nouveaux gardes parc pour augmenter le nombre des gardes parc jugés insuffisant pour la surveillance de la réserve ;
- De veiller au respect de tous les engagements pris pour la promotion de la conservation communautaire participative, COCOPA.

❖ Aux Partenaires de l'ICCN à la RFO, nous suggérons :
- De mener des enquêtes socioéconomiques pour bien appréhender les desideratas des populations locales pour la RFO, lesquelles desideratas permettront une intervention efficace ;
- De sensibiliser davantage la population afin de l'impliquer totalement dans la démarche de la conservation communautaire tout en la garantissant un développement issu d'une redistribution équitable des revenus issus de la conservation.

❖ A la population locale, nous suggérons :
- D'éviter la voie des armes qui détruit plus qu'elle ne construit ou contribue au développement de leur terroir ;
- D'exiger par l'intermédiaire des leurs députés nationaux et provinciaux, leurs implications plus accrus dans la prise des décisions touchant la RFO.

Sans prétention d'avoir cerné tous les aspects de cette étude, nous invitons de tous nos vœux d'autres chercheurs à s'intéresser éventuellement aux autres aspects non abordés dans ce travail afin d'aboutir à la compréhension de tous les défis de la conservation de la nature à la RFO. Par ailleurs, cette étude n'étant pas exempté d'imperfections comme toute œuvre humaine, il est de notre devoir de signaler qu'il faut se réserver à croire que mêmes les aspects abordés dans ce travail ont été abordés en toute perfection. La méthodologie utilisée étant faillible, nous ne pouvons pas garantir l'absoluité de nos résultats.

BIBLIOGRAPHIE

- Ashok, K. 2009. *Entretien « Forêts et conflits »*, lettre d'information du Programme de Conservation des Forêts n°38, IUCN, Paris, p. 16.
- Austin, J.E. et Bruch, C.E. 2000. *The Environmental Consequences of War*. Cambridge, Royaume-Uni: Cambridge University Press.
- Aveling, C. et Hart, T. 2006. Rapport de mission de monitoring de l'état de conservation de la Réserve de Faune à Okapi. République Démocratique du Congo. De 24 février au 02 Mars 2007. Centre du patrimoine mondial/UICN.
- Aveling, C. et Curran, B. 2007. Rapport de mission de monitoring de l'état de conservation de la Réserve de Faune à Okapi. République Démocratique du Congo. De 12 au 23 Mai 2006. Centre du patrimoine mondial/UICN.
- Baral, N. et Heinen, J.T. 2006. *Thé Maoist peoples war and conservation in Nepal*. Politics and the Life Sciences 24, 2-11.
- Beyers, G. ; Hart, T. ; Sinclair, J. ; Grossmann, P. ; Klinkenberg, O. Dino, V. 2003. *Resource Wars and Conflict Ivory: The Impact of Civil Conflict on Elephants in the Democratic Republic of Congo- The Case of the Okapi Reserve.*
- Bengana, A. et Hart, T. 1994. *Rapport de l'étude sur la végétation de la RFO, ICCN,RFO, Epulu.*
- Blom, E., W. Bergmans, I. Dankelman, P. Verweij, M. Voeten et P. Wit. (eds.) 2000. *Nature in War: Biodiversity Conservation During Conflicts*. Leiden, Pays-Bas: The Netherlands Commission for International Nature Protection.
- Blom, A. et J. Yamindou. 2001. *The History of Armed Conflict and its Impact on Biodiversity in the Central African Republic*. Washington, DC, USA: Biodiversity Support Program. CARE. 2001. "Developing the Agenda on Environment and Disasters: First Planning Workshop Report,

Nairobi, Kenya, 27-29 May 2001". Nairobi, Kenya: CARE Christen, C. et J. Allen. 2001. *A Vested Interest: BSP Experiences with Developing and Managing Grant Portfolios.* Washington, DC, USA: Biodiversity Support Program.
- Boiral, O. et Verna, G. 2004. *La protection de l'environnement au service de la paix.* Etudes internationales 35, 261-286.
- Boulanger, G. 1970. *La recherche en Sciences Sociales,* Ed. Universitaires, Paris, p. 22.
- Crozier, M., et Freidberg, E., (1976). « *L'acteur et le système : Les contraintes de l'action collective* », Edition Seuil, Paris, pp. 54-55.
- Conseil de Sécurité des Nations Unies 2012. *Rapport du Groupe d'experts sur l'exploitation illégale des ressources naturelles et autres richesses de la République démocratique du Congo.* S/2012/843 15 novembre 2012, p. 37.
- D'Huart, J.P. et Maziz, L. 2014. Rapport de mission de monitoring de l'état de conservation de la Réserve de Faune à Okapi. République Démocratique du Congo. Du 05 au 15 mars 2014. Centre du patrimoine mondial/UICN.
- Documentation française 2004. Carte des Grands Lacs. In Documentation française. La Documentation française libraire du citoyen, (En ligne) http://www.ladocumentationfrancaise.fr/dossiers/000098-le-conflit-des-grands-lacs-en-afrique/carte-des-grands-lacs. Consulté le 01 janvier 2015
- Dudley, J.P., J.R. Ginsberg, A.J. Plumptre, J.A. Hart et L.C. Campos. Conservation and Conflict: Effects of War and Civil Strife on Wildlife and Habitats. Dans *Conservation Biology.*
- Faohom, B., 1996. « *Forêts et équilibre écologique mondial* », in Prieur M. et Doumbe-Bille S. (sous la direction de), *Droit, forêts et développement durable*, Bruylant, Bruxelles, pp. 29-43.

- Guérette, E. 2014. *Les stratégies de conservation de la biodiversité et le processus de priorisation des actions dans les zones des conflits armés en Afrique Central*, Mémoire DES, Faculté des Sciences, Université de Sherbrooke, Québec, Canada, juin 2014.
- Hanon, L., Binot, A. et Lejoly, J. 2008. *Vers une gestion concertée des territoires périphériques d'une aire protégée africaine ? Le cas du parc national de Zakouma au sud –est du Tchad*, in Arnoldussen D., Binot A, Joiris D.V.et Trefon T., (sous la directionde), Gouvernance et environnement en Afrique centrale, le modèle participatif en question, éd. P.A.ROULET et P. Assenmaker, Bruxelles, 161- 187 pp.
- Hanson, T., Brooks, T.M., Da Fonseca, G.A.B., Hoffmann, M., Lamoureux, J.F., Machlis, G., Mittermeier, C.G., Mittermeier, R.A., et Pilgrim, J.D. 2009. *Warfare in biodiversity hotspots.* Conservation Biology 23. 578-587.
- Hart, T. et R. Mwinyihali. 2001. *Armed Conflict and Biodiversity in Sub-Saharan Africa: The Case of the Democratic Republic of Congo (DRC).* Washington, DC, USA: Biodiversity Support Program.
- Hatton, J., M. Couto et J. Oglethorpe. 2001. *Biodiversity and War: A Case Study from Mozambique.* Washington, DC, USA: Biodiversity Support Program.
- Hugon, P. 2009. *Le rôle des ressources naturelles dans les conflits armés africains*, Hérodote, n°134, La Découverte, 3ème trimestre, Ouagadougou, p. 8
- ICCN 2006, *Rapport de l'ICCN dans le cadre de l'Opération SOS/Eléphants*, RFO. Novembre 2005.
- ICCN / WCS 2006. *Rebuilding elephant conservation in the Okapi Faunal Reserve through extension of protection and monitoring.* Report to USFWS. May 2006.
- Institute for Environmental Security 2008. *Mining, forest change and conflict in the Kivus eastern Democratic Republic of Congo : outcome of*

a short study within the IES-ESPA programme. In Institute for Environmental Security. En ligne sur le site : http//www.envirosecurity.org/espa/PDF/Mining forest change and conflict in the Kivus.pdf consulté le 10 Décembre 2014.
- Jacobs, M. et Schloeder, C. 2001. *Impacts of Conflict on Biodiversity and Protected Areas in Ethiopia*. Washington, D.C., U.S.A.: Biodiversity Support Program.
- Jong, W. 2012. *Les racines entremêlées du conflit forestier*, in lettre d'information du Programme de Conservation des Forêts n°38, IUCN, Paris, p. 7.
- Kaimowitz, D. 2008. *Combat de jungle: qu'est-ce qui vient après?*, in lettre d'information du Programme de Conservation des Forêts n°38, IUCN, Paris, p. 8.
- Kalpers, J. 2001a. *Volcans assiégés : impact d'une décennie de conflits armés dans le massif des Virunga*. Washington DC, USA: Biodiversity Support Program.
- Kalpers, J. 2001b. *Overview of Armed Conflict and Biodiversity in Sub-Saharan Africa: Impacts, Mechanisms, and Responses*. Washington, DC, USA: Biodiversity Support Program.
- Kasulu, S. M. et Kapa, B. F. 2009. *Quatrième Rapport national sur la mise en œuvre de la Convention sur la biodiversité en RDC*, Kinshasa
- Kim, K.C. 1997. *Preserving biodiversity in Korea's delimitarized zone*. Science 278, 242-243.
- Koning, R. 2009. *Gérer les conflits liés aux forêts*, in lettre d'information du Programme de Conservation des Forêts n°38, IUCN, Paris, p. 10.
- Lanjouw A., A. Kayitare, H. Rainer, E. Rutagarama, M. Sivha, S. Asuma et J. Kalpers. 2001. *Au-delà des frontières : Gestion transfrontalière des ressources naturelles pour les gorilles de montagne de la région du Virunga-Bwindi* Washington DC, USA: Biodiversity Support Program.

- Languy, J. 2008. *Problèmes environnementaux liés à la présence des Réfugiés Rwandais*, PNUD, pp. 299.
- Leyens, S. 2008. *Justice sociale et conservation de la nature : quelle justice sociale dans les contextes où la conservation de la nature est enjeu ?*, in revue des questions scientifiques, Tome CL XXVIII, Namur, pp. 55-68.
- Mathieu P. et Willame, J.C., 1999, *Conflits et guerres au Kivu et dans la région des grands lacs. Entre tentions locales et escalade régionale*, Paris-Tervuren, Le Harmattan-Institut Africain-CEDAF.
- Marcoux, J.P. 2003. *Activité minière et sécurité en Afrique.* In Point de mire. En ligne sur l'adresse : http://www.er.uqam.ca/nobel/cepes. Consulté le 24 novembre 2014.
- Matthew, R., Halle, M., et Switzer, J. 2001. *Conserving the Peace: How Protecting the Environment Today Can Prevent Conflict and Disaster Tomorrow.* IUCN/IISD Task Force on Environment & Security. Winnipeg, Canada: Institut international du développement durable (IIDD).
- McConnell, T. 2013. *Elephant tusks : the new blood diamonds.* In Global Post-International News. Global Post : America's world news site. En ligne sur http://www.globalpost.com/dispatch/news/regions/africa/130713/elephant-ivory-africa-kenya-somalia-obama-al-shabaab-ira-uganda consulté le 01 mai 2015.
- McNeely, J.A. 2000. War and Biodiversity: An Assessment of Impacts. In *The Environmental Consequences of War.* Austin, J. and C.E. Bruch, eds., Cambridge, Royaume-Uni: Cambridge University Press.
- Mengue-Medou C. (2003) ; « Les aires protégées en Afrique : perspectives pour leur conservation », *acteurs face à de nouveaux défis. Actes du colloque, mai 2002,* LRVZPRASAC, N'Djamena, 18pp.
- Mufungizi, G. et Devillé, P. 2008. *La croissance démographique et équilibre environnemental : l'enjeu de la sécurité alimentaire au Sud-*

Kivu. In revue des questions scientifiques, Tome CL XXVIII, Namur, pp. 133-152.
- Nasibu, N. 2011. *Diagnostic et perspectives sur l'exploitation minière face à la COCOPA au sein de la RFO,* TFC inédit ISDR –GL/Beni, Beni.
- N'Dimina-Mougala, A-D. (2012). *Les conflits identitaires et ethnopolitiques africains au XX^è siècle : caractéristiques et manifestations.* Guerres mondiales et conflits contemporains, 245, 97.
- Plumptre, A., M. Masozera, et A. Vedder. 2001. *The Impact of Civil War on the Conservation of Protected Areas in Rwanda.* Washington, DC, USA: Biodiversity Support Program.
- Puijenbroek, J.V. 2014. *L'analyse de conflit et évaluation de besoin effectuée dans le cadre de l'opérationnalisation de la deuxième phase du STAREC/ISSSS dans les territoires de Mambasa et Bafwasende. Rapport de novembre 2014, Paxporpeace, Utrech, Pays-bas.*
- Rodary, E., C. Castellanet, et G. Rossi. 2004. L'integration impossible ? Ed., Conservation de la nature et developpement. Paris, Karthala, 2004, 310 p.
- Shambaugh, J., J. Oglethorpe et R. Ham (avec la participation de Sylvia Tognetti). 2001. *L'herbe foulée : Atténuer l'impact des conflits armés sur l'environnement.* Washington, D.C., U.S.A.: Biodiversity Support Program.
- Smith, K. et Smith, F. 1997. *Conservation Crises and Potential Solutions: Example of Garamba National Park Democratic Republic of Congo.* Document présenté dans le cadre du II World Congress of the International Ranger Federation, San Jose, Costa Rica, 25 au 29 septembre, 1997.
- Smith, K. et Mafuko G. 2000. *"Lessons learned so far on the World Heritage Sites of,the Democratic Republic of Congo."* Proceedings on The Role of World Heritage in Danger Listing in Promoting International

Cooperation for the Conservation of World Natural Heritage WHC/IUCN Workshop, Amman, Jordanie. 6 au 7 octobre 2000.
- Squire, C. 2001. *Sierra Leone's Biodiversity and the Civil War*. Washington, D.C., U.S.A.: Biodiversity Support Program.
- Steven, K., Campbell, L., Urquhaut, G., Kramer, D. et Qi, J. 2011. *Examining complexities of forest cover change during armed conflict on Nicaragua's Atlantic coast*. Biodiversity Conservation 20, 2597-2613.
- Sutherland, W.J., Adams W.M., Aronson, R.B., Aveling, R., Blackburn, T.M., Broad, S., Ceballos, G., Côté, I.M., Cowling, R.M., et Da Fonseca, G.A.B. 2009, *One hundred questions of importance to the conservation of global biological diversity*. Conservation Biology 23. 557-567.
- Tshibasu, M. 2006. *L'Évaluation des Impacts environnementaux dus aux conflits armés dans les Aires Protégées : cas de l'ICCN*. Acte de l'atelier sur les impacts et les enjeux environnementaux des conflits armés en République Démocratique du Congo. KINSHASA, 26 - 27 octobre 2004. p. 90.
- Tshombe, R., Mapilanga, W.T. et Bujo, F. 2006. *Expérience pilote de contrôle de l'immigration dans la RFO, Site du Patrimoine Mondial de l'Unesco*. Février 2006
- UICN/PACO (2010). *Parcs et réserves de la République Démocratique du Congo : évaluation de l'efficacité de gestion des aires protégées*. Ouagadougou, BF: UICN/PACO
- Vikanza, K. P. 2011. *Aires protégées, espaces disputés et développement au Nord-est de la R D Congo*. Louvain-la-Neuve, Thèse de doctorat en Sciences politiques et administrative, UCL, septembre 2011.
- Worthington E. B. 1965. « Une definition des ressources naturelles », dans : UNESCO, Conference Internationale sur l'organisation de la recherche et la formation du personnel en Afrique en ce qui concerne l'etude, la conservation et l'utilisation des ressources naturelles,

Conference tenue a Lagos (Nigeria) du 28 juillet au 6 aout 1964, Paris, Unesco.

ANNEXES

CORRESPONDANCES DE LA RFO DENONCANT LE BRACONNAGE

I.1. : Memo de la RFO concernant les problèmes lies a la présence militaire

REPUBLIQUE DEMOCRATIQUE DU CONGO
INSTITUT CONGOLAIS POUR LA CONSERVATION DE LA NATURE
RESERVE DE FAUNE À OKAPIS
STATION D'EPULU

MEMO A L'ATTENTION DU COMMANDANT DE LA ZONE OPERATIONNELLE DE BUNIA

1. Présentation de la Réserve de Faune à Okapis (RFO)

La RFO a été créée par l'Arrêté ministériel 045/CM/ECN/92 du 02 Mai 1992 pour la conservation de sa riche biodiversité (forêt, espèces animales rares telles que l'okapi, l'éléphant de forêt, le chimpanzé...). Elle s'étend sur une superficie de 13.726 km² dans la province Orientale, districts de l'Ituri (Territoire de Mambasa : 80%) et Haut-Uélé (Territoires de Wamba : 15% et Watsa : 5%).

Compte tenu de son importance, elle a été inscrite sur la liste des Sites du Patrimoine Mondial de l'UNESCO en 1996 et classée comme site du patrimoine mondial en péril en 1997 jusqu'à ce jour suite aux menaces suivantes :

- Pillage des infrastructures et braconnage des éléphants consécutifs aux conflits;
- Présence de sites d'exploitation de gisements aurifères à l'intérieur du site.

2. Situation de la RFO durant les 12 derniers mois

a. Problèmes :

- La problématique de commandement des différentes compagnies/pelletons FARDC cantonnées dans et autour de la RFO, qui répondent à 4 secteurs différents, notamment : Mambasa- Badengaido/Adusa dépendent de Bunia, Bafwakoa-Niania dépendent de Bafwasende et 51-Wamba dépendent d'Isiro et Mungbere dépend de Gombari-Watsa Ceci ne permet souvent pas de mener des opérations en synergie, car les ordres opérationnels doivent émaner de ces différentes brigades et/ou secteurs ;
- Les poches d'insécurités dues à la présence des bandes armées dans certaines zones de forte concentration de la biodiversité (secteur Sud & Nord-ouest) avec comme conséquence le braconnage, l'exploitation anarchique des minerais avec complicité des militaires FARDC basés dans différentes localités, notamment :
  - 2ème compagnie FARDC basée à Badengaido et Adusa est impliquée dans le braconnage de primates, vente de cigarettes dans les carrières d'or et diamant (Mutchatcha, Penge et Zala na Mbangu)
  - Compagnie d'intervention FARDC basée à Bandisende et Zunguluka est impliquée dans le braconnage des éléphants et des primates (un cas de flagrance de braconnage d'Éléphant et commerce d'ivoires par le capitaine Dominique, commandant de compagnie d'intervention basé à Bandisende en date du 13/02/2014); et l'exploitation de l'or dans les carrières Nganda et Bakpala ;
- L'expansion d'ouvertures des carrières minières dans la RFO estimées à plus de 70, avec comme conséquence directe la destruction des habitats et l'augmentation d'afflux migratoire de l'extérieur à l'intérieur de la RFO;
- Tracasserie et rançonnage de passants par les éléments FARDC présents au niveau des barrières de contrôle de séjour et de Passage de la RFO sur la RN4;
- La familiarité des différentes compagnies FARDC avec les populations civiles, qui favorise leur implication et complicité dans les activités illégales dans la RFO ;
- Insuffisance et inadéquation de matériels d'ordonnancement au niveau du personnel de la RFO.

REPUBLIQUE DEMOCRATIQUE DU CONGO
INSTITUT CONGOLAIS POUR LA CONSERVATION DE LA NATURE
RESERVE DE FAUNE À OKAPIS
STATION D'EPULU

MEMO A L'ATTENTION DU COMMANDANT DE LA ZONE OPERATIONNELLE DE BUNIA

b. Pistes de solutions

La RFO sollicite auprès du Commandant de la Zone Opérationnelle de Bunia, le Général, ce qui suit :

- Solliciter la visite du Commandant de la zone opérationnelle de Bunia, le Général à Epulu dans un avenir proche pour se rendre compte de la situation sur le terrain ;
- Remplacer toutes les compagnies FARDC présentes actuellement dans la RFO y compris leurs officiers;
- Mettre à la disposition de la RFO une compagnie d'intervention basée à la station d'Epulu qui fonctionnera sous l'égide du Chef de site pour permettre au site d'évacuer les carrières minières et amplifier les patrouilles mixte de surveillance pour une période de trois (3) mois renouvelables et avec relèvement de tous les éléments de la compagnie par d'autres nouveaux;
- Solliciter une dotation en matériels d'ordonnancement adéquats du personnel de la RFO ;

Fait à Epulu, le 03 Mars 2014

Par

Le Comité de Coordination du Site

Pour l'ICCN	Pour le Programme Biodiversité et Forêts/KfW-ICCN	Pour Gilman International Conservation (GIC)	Pour Wildlife Conservation Society (WCS)
Lucien Lokumu Conservateur Principal Chef de Site	**Arsène N'SIMBA** Responsable Admin-Finance	**Rosmary Ruf** Directrice	**Albert Walanga** Assistant du Directeur

I.2. : Courrier de l'ICCN au commandant de la zone OPS/Ituri à Bunia

République Démocratique du Congo
INSTITUT CONGOLAIS POUR LA CONSERVATION DE LA NATURE
Réserve de Faune à Okapis
Station d'Epulu

Epulu, le 26 Février 2010

N/Réf. N° **C41** /ICCN/RFO-E./PROT./2010

Transmis copie pour information :

- A Son Excellence Monsieur le Gouverneur de la Province Orientale à KISANGANI.
- A Monsieur le Ministre Provincial de l'Environnement, Conservation de la Nature, Eau et Foret à KISANGANI.
- Aux Honorables Députés de la Province Orientale à KISANGANI.
- A Monsieur le Commandant de la 9ème Région Militaire à KISANGANI.
- A Monsieur le Directeur Provincial de l'ANR à KISANGANI.
- A Monsieur le Commissaire de District de l'Ituri à BUNIA.
- A Monsieur le Chef de Poste de l'ANR/Ituri à BUNIA.
- A Monsieur l'Administrateur de Territoire de Mambasa à MAMBASA.
- A Monsieur l'Administrateur de Territoire de Wamba à WAMBA.
- A Monsieur le Commandant de la 13ème Brigade à KOMANDA.
- Au Commandant de Brigade d'Isiro à ISIRO.
- Au Commandant Bataillon de Bafwasende à BAFWASENDE.

A Monsieur le Commandant de la Zone OPS Ituri
à BUNIA.

Objet : Massacre des éléphants
de la RFO et périphérie

Monsieur le Commandant de la Zone OPS,

Le Comité de Coordination du Site (CoCoSi) voudrait encore une fois saluer la disponibilité dont vous avez fait montre à travers les différentes interventions pour la sauvegarde de l'intégrité de la Réserve de Faune à Okapis (RFO). Nous citerons le cas le plus récent : votre implication pour la patrouille mixte ICCN-FARDC dans les secteurs Nord /Wamba qui ont été envahis par des braconniers venus d'Isiro et de Wamba.

Monsieur le Commandant de la Zone OPS, le Comité de Coordination du Site voudrait à travers les lignes qui suivent se référer à vous en qualité de responsable du corps militaire de la Zone Ops Ituri d'une part, et d'autre part, en qualité de compatriote partenaire pour la conservation des ressources naturelles en général.

Faits antérieurs

Au cours de votre visite en 2009 à la Station d'Epulu, le Comité de Coordination du Site à travers son exposé avait souligné deux (2) faits :

1. L'envahissement de la zone Sud-ouest de la RFO par des militaires issus du Bataillon de Bafwasende qui appuient les braconniers civils à partir des localités de Bigbolo, Balika, Badumbisa et qui avaient tué à son temps 15 éléphants dont carcasses ont été géo référenciées
2. La multiplicité d'éléments militaires à Nia-Nia dont la plupart dépendaient de l'unité de Bafwasende et d'autres de la 13ème Brigade de Komanda qui, à notre avis étaient supposées contrôler cette cité, pourrait être à la base du braconnage armé en place.

Une solution avait été trouvée, car les éléments en provenance de Komanda étaient déployés à Nia-Nia au retrait de ceux de Bafwasende, mais à notre grande surprise, cela n'a été que pour quelques semaines car nous sommes revenus à la case du départ.

Faits récents

Monsieur le Commandant de la Zone Ops, les préoccupations du Comité de Coordination du Site entre autre, l'ICCN et ses partenaires, comme organisations internationales pour la conservation qui travaillent sur le Site sont les suivantes :

- Il y a à Nia-Nia un marché quasi officiel de la viande d'éléphant, singe qui est constamment ravitaillé de nuit comme de jour en grandes quantités de viandes de brousse aussi bien fraîches comme boucanées. En parallèle à la vente de viande, c'est la vente des ivoires de toute catégorie avec comme centres d'évacuation Bafwasende, Kisangani et Wamba.
- L'exposition à Nia-Nia de la viande et d'autres sous produits des espèces totalement protégées par les lois congolaises et internationales offre un spectacle scandaleux et désagréable aux yeux de tout compatriote responsable. Ceci donne des signaux rouges qui annoncent l'extermination imminente des éléphants de la forêt de la Réserve, un site reconnu pour la grande concentration des populations d'éléphants en RDC.
- La circulation intense et incontrôlée des militaires entre les villages Babeke (33 km de Nia-Nia) et l'entrée Ouest de la Réserve (Adusa) et Talisa (village des pêcheurs), voire jusqu'à Basiri. En effet, il suffit de vous poster sur cet axe ne serait-ce que pour 30 minutes, vous enregistrerez des dizaines des colis (viande) évacués en destination de Nia-Nia mais aussi des ivoires et ce, surtout la nuit.
- La forte pression de braconnage armé qui provient de Nia-Nia, Bafwasende s'exerce surtout dans les secteurs autour d'Adusa en pleine réserve : Penge, Lenda-Ituri, Ngayu en passant par Bavanaubo/Badengaido jusqu'à Molokai/Salate. Dans cette région, vous ne serez pas surpris d'entendre des détonations spontanées en rafale comme cela a été à Lolwa en 2008-2009.

Il s'agit là d'un foyer d'insécurité créé par les hommes armés en provenance de Nia-Nia et Bafwasende et ce, en dépit des efforts de contrôle et surveillance de l'ICCN.

Acteurs / facilitateurs

Ce braconnage est appuyé par certains éléments de l'armée régulière bien identifiés, nous citerons entre autre : Lt. BALI, Lt Alexis (Nia-Nia), Adjudant Asumani, Adjudant Mutaka, … Ces deux derniers ont semblé être arrêtés mais relâchés et sont revenus en force en position.

Outre ces noms, il est signalé la présence des grands acheteurs d'ivoire et fournisseurs d'armes et munitions aux braconniers civils. Les figures connues sont entre autre Mme Marie, Mme Crico, Mr. MUSSA (métis), Mr. SEBA NGOBILA éventuellement au rang de major, etc…

Ces acteurs principaux travaillent en réseau et alimentent en armes et munitions[1] les groupes de braconniers civils recrutés à cette fin dont les plus connus sont :

1. Groupe Morgan Sadala avec comme compagnons Messieurs Papada, Pierrot, Pichen et Type (non autrement identifiés).
2. Groupe Masimango Ringo alias Maître avec des compagnons comme Clément, Maze, etc...
3. Groupe de l'Adjudant Asumani.

Outre ces groupes bien constitués et disposant de communication de type Thuraya, il existe des braconniers isolés armés qui sont localisés à Nia-Nia, Bafwasende et Wamba. Un cas illustratif très récent est celui d'1 militaire accompagné de 2 civils (3 armes AK 47) dont n° 67703706 de 47 km - 51 km (route Wamba) venaient de tuer un éléphant dans la RFO au secteur Shaba il y a une semaine.

Evidences connues

Afin de vous permettre de visualiser le niveau de massacre des éléphants dans la Réserve de Faune à Okapis, le Comité de Coordination du Site met à votre disposition ainsi qu'aux autres autorités à divers niveaux qui nous lisent en copie, quelques données sur l'abattage des éléphants ainsi que la carte en annexe I.

- Mars 2009 : Deux (2) éléphants tués par Masimango Ringo alias Maître accompagné de 3 civils armés dans la RFO, secteur Bavanaubo.
- Mars 2009 : Trois (3) éléphants tués par l'équipe du braconnier Morgan Sadala et dont cinq (5) colis de viande convoyés par l'Adjudant Yusufu à Bafwasende avec plusieurs kilos d'ivoire frais.
- Juillet-Août 2009 : Sept (7) éléphants tués dans la région Isoro-Ngayu par le braconnier Masimango Ringo alias Maître sous la protection du S/Lieutenant dénommé PAPY (Passant orange).
- Deuxième quinzaine d'Août 2009 : Deux (2) éléphants tués par les militaires de Bigbolo secteur Lenda-Ituri. Ce groupe a évacué plusieurs colis d'ivoire (± 500 kg) vers Bafwasende y compris ceux provenant de deux éléphants tués.
- En Novembre 2009, un (1) éléphant tué par un groupe d'un militaire (Adjudant en passant vert) et deux (2) civils armés venus de Nia-Nia et ayant pénétré dans la RFO à partir de 33 km (Village Babeke).
- Décembre 2009 : Deux (2) éléphants tués à Isoro dans la RFO avec un groupe de trois (3) civils et un (1) militaire.
- Janvier 2010 : Deux (2) pointes d'ivoires récupérées entres les mains d'un militaire à Molokai après fuite de ce dernier vers minuit.
- Janvier 2010 : Trois (3) braconniers civils arrêtés au secteur Koki avec 2 armes AK 47 et déférés à l'Auditorat militaire.

Outre le massacre des éléphants qui a atteint un niveau de l'écocide, le Comité de Coordination du Site voudrait exprimer à votre Autorité que la complicité à un certain niveau des militaires réguliers à Nia-Nia est réelle. Il est identifié actuellement des militaires représentant près de 8 unités différentes : TD 9ème Région, Bataillon de Bafwasende, DMIAP, TD Zone Ops Ituri, 13ème Bde. Ces deux dernières pensons-nous, sont celles qui sont supposées avoir le contrôle sur cette partie du Territoire de Mambasa. Nous supposons que c'est cette multiplicité des unités combattantes qui contribue à asseoir le braconnage armé à Nia-Nia car cette cité devient un terrain où toutes ces forces ont à dire. En effet, quelle unité a l'autorité opérationnelle ?

---

[1] En date du 13/02, un certain MUNO, acolyte du braconnier MASIMANGO a été arrêté vers 25 Km en train d'acheter des munitions mais serait libéré sur ordre d'un Major venu de Komanda.

A la lumière de ce qui précède et considérant que la RFO est une zone dont la mission première est la conservation des ressources naturelles (animaux et végétaux) à valeur exceptionnelle pour le pays et pour l'humanité entière, nous sollicitons votre intervention urgente et celles des diverses autorités aussi bien nationales, provinciales et locales en proposant des mesures qui peuvent mettre fin à ce massacre et climat d'insécurité dans la réserve et les zones périphériques :

a) L'arrestation de tous les militaires connus comme acteurs directs dans le braconnage armé basés à Nia-Nia, Bafwasende, Wamba et leur poursuite judiciaire.

b) Le démantèlement des sites identifiés comme bases de transaction d'armes et munitions à Nia-Nia, Bafwasende et Wamba suivi de poursuite judiciaire des propriétaires de ces résidences.

c) La recherche et l'arrestation des braconniers civils ainsi identifiés et d'autres qui circulent en toute liberté à Nia-Nia, Bafwasende et Wamba. Notons que certains des braconniers ont été déférés devant la justice par l'ICCN mais, ont été relâchés pour des raisons non élucidées.

d) L'examen de la possibilité de ne retenir que les éléments de l'unité de FARDC qui a le contrôle opérationnel sur la cité de Nia-Nia en particulier avec le retrait de toutes les autres forces. Ceci pour l'intérêt non seulement de la conservation mais aussi de la population en générale.

e) L'envoi à Nia-Nia, Bafwasende et Isiro d'une mission de haut niveau des autorités militaires et politico-administratives pour sensibiliser les hommes de rang et les Officiers subalternes qui y sont affectés et non encore impliqués pour le respect du patrimoine naturel de la RFO et arrêter la distribution d'armes aux civils.

L'instauration des points de contrôle sur la RN4 au niveau de l'entrée de la ville de Kisangani et sur l'axe vers Wamba pourrait permettre de maîtriser le contrôle du trafic de l'ivoire et d'autres sous produits de la faune prohibées.

Particulièrement à l'Autorité Provinciale, le Comité de Coordination du Site voudrait rappeler la requête introduite pour solliciter la fermeture de la circulation routière dans la RFO la nuit pour contrecarrer le débarquement nocturne des braconniers armés d'une part, et d'autre part, protéger aussi les animaux qui sont actifs la nuit tels que le buffle, éléphant, mangouste ...). Outre cette disposition, il est important d'instaurer des points de contrôle efficaces sur la RN4 au niveau de l'entrée des villes comme Kisangani et cité de Wamba. Ceci pourrait permettre d'atténuer le trafic des ivoires, voire de la viande d'éléphant.

En annexe, quelques images des carcasses d'éléphants abattus et connus dans la RFO en 2009-2010.

Dans l'espoir que vous accorderez diligence au présent cri d'alarme, veuillez croire, Monsieur le Commandant de la Zone Ops Ituri, en l'assurance de notre considération distinguée.

Le Comité de Coordination du Site,

BARAKA Othep
Directeur-Adj/WCS-RFO

Marcel ENCKOTO N.
Conserv./Assist-Directeur GIC

Ghislain SOMBA B.
Conservateur/Adj-RFO

Robert MWINYIHALI
Directeur de WCS/RFO

Rosmarie RUF
Directrice de GIC

J.J. MAPILANGA wa TSARAMU
Conservateur en Chef et Chef de Site

CC : - Administrateur Délégué Général / ICCN à KINSHASA.
- Administrateur Délégué Gen. Adjoint/ ICCN à KINSHASA
- Administrateur Directeur Technique /ICCN à KINSHASA
- Conseiller Juridique et Contentieux de l'ICCN
- Bureau Provincial de l'ICCN à KISANGANI.
- Auditeur Militaire/ Garnison de KISANGANI

I.3. Guide d'entretien avec la population locale

I. IDENTITE DE L'ENQUETE

Sexe :

Age :

Profession :

II. QUESTIONNAIRE PROPREMENT DIT :

1) Depuis combien de temps habitez-vous à la RFO ?

2) Connaissez-vous les normes qui régissent la RFO ? a. Oui b. Non

Si oui, quelle en est l'importance selon vous ?

Si non, quelles sont les causes à la base de votre méconnaissance des normes de la RFO.

3) Comme membre de la population locale, serez-vous d'accord qu'une personne affirme que vous participez à la gestion de la RFO ? a) Oui b) non

Justifiez votre réponse ?

4) Quels sont, d'après vous, les différents acteurs impliqués à la gestion de la RFO ?

a) Population locale ; b) ICCN ; c) Les ONG ; d) Autres

5) Que représente pour vous la RFO ?

a) Milieu représentant la vie
b) Milieu contenant des valeurs à conserver
c) Milieu contenant les ressources précieuses
d) Un enjeu politique

6) Quelle est votre attitude par rapport aux différents acteurs impliqués à la gestion de la RFO ?

a. Positive, b. négative c. Méfiance.

Pourquoi ?

7) Avez-vous connaissances des réalisations de la RFO dans le cadre de COCOPA ?

a) Oui b) Non.

Si Oui, pouvez-vous citer lesdites réalisations ?

8) Connaissez-vous les conflits armés que la RFO a connus dans les années 1997 et 2004 ?

a) Oui b) Non

N.B. *Si l'enquêté répond par l'affirmative (donc par oui), posez-lui la question de savoir s'il a été témoin ou pas de l'un ou de tous les conflits armés qu'a connu la RFO pendant la périodes de 1997 et 2004. Et noter la réponse. Cependant, peu importe la réponse qu'il donnera à cette sous-question, posez-lui les questions 9 et 10.*

Par contre, si l'enquêté affirme qu'il n'a pas des connaissances sur les conflits armés de 1997 et 2004 à la RFO, veuillez sauter les questions 9 et 10, et passez directement à la question 11.

9) Selon vous, quelles sont les causes qui ont déterminées les conflits armés à la RFO pendant cette période ?

a) La rébellion ; c) Les activités des milices ; d) Les pillages ; c) les revendications de la population locale ; e) Autres

Justifiez votre réponse :

10) Pouvez-vous nous citer les acteurs qui, selon vous, ont été impliqués dans les conflits armés à la RFO dans les années précitées ?

a) L'Etat ; b) AFDL ; c) MLC ; d) RDC/KML ; e) RCD/Goma ; f) Milice Maimai ; g) Milice Simba ; h) Population locale ; i) Autres

Justifiez votre réponse :

11) Connaissez-vous les conflits armés que la RFO a connus dans les années 2009 et 2014 ?

a) Oui b) Non

N.B. *Ici aussi, si l'enquêté répond par l'affirmative (donc par oui), veuillez lui poser la question de savoir s'il a été témoin ou pas de ces conflits. Et peu importe la réponse qu'il donnera à cette sous-question, posez-lui les questions 12 et 13.*

Si l'enquêté répond par la négative (donc par non) à cette question 11, alors qu'il a répondu par l'affirmative (oui) à la question 8, l'entretien continue sous condition de sauter les questions 12 et 13 et de passer directement à la question 14. Par contre, si l'enquêté répond par les négatives aux questions 8 et 11, l'entretien s'arrête. Car l'administration des questions suivantes sont conditionnées par la connaissance de l'enquêté d'au moins d'un conflit armé qui s'est déroulé à RFO.

12) Selon vous, quelles sont les causes qui ont déterminées les conflits armés à la RFO pendant la période de 2009 à 2014 ?

a) La rébellion ; c) Les activités des milices ; d) Les pillages ; c) les revendications de la population locale ; e) Autres

Justifiez votre réponse :

13) Pouvez-vous nous citer les acteurs qui, selon vous, ont été impliqués dans les conflits armés à la RFO pendant la période de 2009 à 2014 ?

a) L'Etat ; b) AFDL ; c) MLC ; d) RDC/KML ; e) RCD/Goma ; f) Milice Mai mai ; g) Milice Simba h) Population locale ; i) Autres

Justifiez votre réponse :

14) Quels sont, d'après vous, les conséquences de ces conflits armés sur les végétaux de la RFO ?

15) Quels en sont les conséquences sur les animaux de la RFO ?

16) Pensez-vous que ces conflits ont eu un impact sur votre bien-être ?

a) Oui b) Non

Si oui, comment ?

17) Quelle est votre impression sur l'évolution des activités économiques dans la réserve depuis que cette dernière a connu les conflits armés ?

f) a. Amélioration ? b. Maintien ?, c. détérioration des ressources ?

18) Que proposeriez- vous pour éviter que les conflits armés surgissent encore dans la Réserve ?

I.4. <u>Guide d'entretien avec les agents de la rfo et ong partenaires</u>

I. IDENTITE DE L'ENQUETE

Sexe :

Age :

Profession :

II. QUESTIONNAIRE PROPREMENT DIT :

1) Depuis combien de temps travaillez-vous à la RFO ?

2) Comme agent de la RFO, serez-vous d'accord qu'une personne affirme que la population locale participe-t-elle à la gestion de la RFO ? a) Oui b) non

Justifiez votre réponse ?

3) Quels sont, d'après vous, les différents acteurs impliqués à la gestion de la RFO ?

a) Population locale ; b) ICCN ; c) Les ONG ; d) Autres

4) Quelle est votre attitude par rapport aux différents acteurs impliqués à la gestion de la RFO ?

a. Positive, b. négative c. Méfiance.

Pourquoi ?

5) Que représente pour vous la RFO ?

a) Milieu représentant la vie

b) Milieu contenant des valeurs à conserver

c) Milieu contenant les ressources précieuses

d) Un enjeu politique

6) Avez-vous connaissances des réalisations de la RFO dans le cadre de COCOPA ?

a) Oui b) Non.

Si Oui, pouvez-vous citer lesdites réalisations ?

7) Connaissez-vous les conflits armés que la RFO a connus dans années 1997 et 2004 ?

a) Oui b) Non

N.B. *Si l'enquêté répond par l'affirmative (donc par oui), posez-lui la question de savoir s'il a été témoin ou pas de l'un ou de tous les conflits armés qu'a connu la RFO pendant la périodes de 1997 et 2004. Et noter la réponse. Cependant, peu importe la réponse qu'il donnera à cette sous-question, posez-lui les questions 8 et 9.*

Par contre, si l'enquêté affirme qu'il n'a pas des connaissances sur les conflits armés de 1997 et 2004 à la RFO, veuillez sauter les questions 8 et 9, et passez directement à la question 10.

8) Selon vous, quelles sont les causes qui ont déterminées les conflits armés à la RFO pendant cette période ?

a) La rébellion ; c) Les activités des milices ; d) Les pillages ; c) les revendications de la population locale ; e) Autres

Justifiez votre réponse :

9) Pouvez-vous nous citer les acteurs qui, selon vous, ont été impliqués dans les conflits armés à la RFO dans les années précitées ?

a) L'Etat ; b) AFDL ; c) MLC ; d) RDC/KML ; e) RCD/Goma ; f) Milice Maimai ; g) Milice Simba ; h) Population locale ; i) Autres

Justifiez votre réponse :

10) Connaissez-vous les conflits armés que la RFO a connus dans les années 2009 et 2014 ?

a) Oui b) Non

N.B. Ici aussi, si l'enquêté répond par l'affirmative (donc par oui), veuillez lui poser la question de savoir s'il a été témoin ou pas de ces conflits. Et peu importe la réponse qu'il donnera à cette sous-question, posez-lui les questions 11 et 12.

Si l'enquêté répond par la négative (donc par non) à cette question 9, alors qu'il a répondu par l'affirmative (oui) à la question 7, l'entretien continue sous condition de sauter les questions 11 et 12 et de passer directement à la question 13. Par contre, si l'enquêté répond par les négatives aux questions 7 et 11, l'entretien s'arrête. Car l'administration des questions suivantes sont conditionnées par la connaissance de l'enquêté d'au moins d'un conflit armé qui s'est déroulé à RFO.

11) Selon vous, quelles sont les causes qui ont déterminées les conflits armés à la RFO pendant la période de 2009 à 2014 ?

a) La rébellion ; c) Les activités des milices ; d) Les pillages ; c) les revendications de la population locale ; e) Autres

Justifiez votre réponse :

12) Pouvez-vous nous citer les acteurs qui, selon vous, ont été impliqués dans les conflits armés à la RFO pendant la période de 2009 à 2014 ?

a) L'Etat ; b) AFDL ; c) MLC ; d) RDC/KML ; e) RCD/Goma ; f) Milice Maimai ; g) Milice Simba h) Population locale ; i) Autres

Justifiez votre réponse :

13) Quels sont, d'après vous, les conséquences de ces conflits armés sur les végétaux de la RFO ?

14) Quels en sont les conséquences sur les animaux de la RFO ?

15) Quels en sont les conséquences sur la gestion de la RFO ?

16) Quels en sont les conséquences sur le financement de la RFO ?

17) Quels en sont les conséquences sur le personnel de la RFO ?

18) Quels en sont les conséquences sur le plan touristique à la RFO ?

19) Quelle est votre impression sur l'évolution des activités économiques de la population locale depuis que cette la RFO a connu des conflits armés ?

f) a. Amélioration ? b. Maintien ?, c. détérioration des ressources ?

20) Quels sont les stratégies que votre institution avait mises en œuvre pour atténuer les effets des conflits armés sur la RFO ?

21) Pensez-vous que ces stratégies ont-elles produits des résultats escomptés ? a) Oui b) Non

Justifiez votre réponse :

22) Que pouvez-vous proposer pour mettre en terme définitivement les conflits armés à la RFO ?

yes
Oui, je veux morebooks!
I want morebooks!

Buy your books fast and straightforward online - at one of the world's fastest growing online book stores! Environmentally sound due to Print-on-Demand technologies.

Buy your books online at
www.get-morebooks.com

Achetez vos livres en ligne, vite et bien, sur l'une des librairies en ligne les plus performantes au monde!
En protégeant nos ressources et notre environnement grâce à l'impression à la demande.

La librairie en ligne pour acheter plus vite
www.morebooks.fr

SIA OmniScriptum Publishing
Brivibas gatve 1 97
LV-103 9 Riga, Latvia
Telefax: +371 68620455

info@omniscriptum.com
www.omniscriptum.com

Printed by Books on Demand GmbH, Norderstedt / Germany